浙江省普通本科高校"十四五"重点立项建设教材

工业机器人
系统与编程详解

兰　虎
邵金均
张璞乐　等 编著

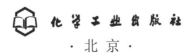

化学工业出版社

·北京·

内容简介

本书全面系统地介绍了工业机器人系统及其核心编程技术，内容包括"机器人+"典型系统的运动轨迹、工艺条件和动作次序等关键环节，涵盖工业机器人系统与安全、机器人搬运任务编程、机器人移载任务编程、机器人工具和工件坐标系、机器人焊接任务编程以及机器人高级任务编程等。

本书内容丰富、结构清晰、形式新颖、案例典型，通过设置学习目标、学习导图、典型案例、场景延伸、拓展阅读等环节，搭配微视频和微场景等数字资源，创设优质工程案例、典型行业场景学习平台，构建案例式富媒体教材。

本书适合作为大中专院校电子信息、自动化等相关专业的教材，也可供行业、企业及机器人联盟和培训机构的相关技术人员参考。

图书在版编目（CIP）数据

工业机器人系统与编程详解／兰虎等编著. -- 北京：化学工业出版社，2024. 8. -- ISBN 978-7-122-45878-0

Ⅰ. TP242.2

中国国家版本馆 CIP 数据核字第 2024H2X372 号

责任编辑：于成成　李军亮　　　　　　文字编辑：侯俊杰　温潇潇
责任校对：王　静　　　　　　　　　　装帧设计：王晓宇

出版发行：化学工业出版社（北京市东城区青年湖南街13号　邮政编码100011）
印　　装：天津市银博印刷集团有限公司
787mm×1092mm　1/16　印张12½　字数302千字　2024年10月北京第1版第1次印刷
购书咨询：010-64518888　　　　　　售后服务：010-64518899
网　　址：http://www.cip.com.cn
凡购买本书，如有缺损质量问题，本社销售中心负责调换。

定　　价：79.00元　　　　　　　　　　　　　　　版权所有　违者必究

当前，机器人产业蓬勃发展，正极大改变着人类的生产和生活方式，为经济社会发展注入强劲动能。通过持续创新、深化应用，全球机器人产业规模快速增长，集成应用大幅拓展。自 2013 年以来，我国工业机器人市场已连续十年稳居全球第一，2022 年制造业机器人密度达到 392 台 / 万人，是全球平均水平的近 2.6 倍。《"十四五"机器人产业发展规划》亦明确指出，进一步拓展机器人应用的深度和广度，开展深耕行业应用、拓展新兴应用、做强特色应用的"机器人 +"应用专项行动，力争"十四五"期间我国制造业机器人密度实现翻番。

然而，目前我国智能及高端装备制造领域综合素质高、技术全面、技能熟练的专业技术人才匮乏，成为制约创新驱动发展和制造强国建设的"卡脖子"难题。智能制造场景之创新、技术之融合、协同之丰富对产业技术人才提出了极高要求，不仅需要具备数字技术与生产制造的跨领域知识储备，而且需要懂得如何与机器或数字化工具协同工作，还需要在机器或数字语言与实际制造场景之间做好"翻译"，如此高素质复合型专业技术人才虚位以待、高薪难求已是不争的事实。

在此背景下，全国高校围绕"四新"建设改革如火如荼，2015 ～ 2023 年全国已有342 所高校成功申报"机器人工程"专业，2017 ～ 2023 年全国已有 304 所高校成功申报"智能制造工程"专业。工业机器人编程类课程是机器人工程和智能制造工程专业的主干课程之一，其课程教材作为人才培养关键环节和核心要素，是实施数字时代高等教育学习革命、质量革命和高质量发展的内在迫切需求。

本书是面向智能制造工程技术人员新职业，根据教育部高等学校自动化类专业教学指导委员会新颁布的教学标准，结合新工科复合型专业技术人才综合能力培养的教学诉求，并融入作者十余载对工业机器人应用的实践总结及教学经验，通过高校、教仪公司、数字平台公司和出版公司"四元协同"形式，编写的融微课、微视频、微场景等于一体的富媒体新形态教材。

全书共 6 章，介绍机器人产业关键共性技术及应用，囊括"机器人 +"典型系统的运动轨迹、工艺条件和动作次序等核心编程内容，包括工业机器人系统与安全、机器人搬运任务编程、机器人移载任务编程、机器人工具和工件坐标系、机器人焊接任务编程以及机器人高级任务编程等。各章下设两个小节，通过学习目标、学习导图、国之重器、知识讲解、典型案例、场景延伸、本章小结、拓展阅读和知识测评等九大环节的教学设计，促进智能装备与产线开发和应用等领域的素养提升、知识学习及能力训练。

本书特点如下：

① 瞄准智能制造职业方向，做"好"教材顶层设计 根据智能制造工程技术人员等国家职业标准，瞄准智能装备与产线开发和应用两大方向，构建面向智能及高端装备制造战略性新兴领域的职普融通教材体系。

② 立足专业思政育人融合，做"优"多维元素挖掘 结合专业性质、教学对象特点，选取《大国建造》《超级工程》《大国工匠》等兼具专业教育与思政教育双重属性的多维思政元素，强化学生编程专业应用能力，构建其经验性知识图谱，围绕坚定学生理想信念，强化政治认同、家国情怀、职业认同观念，引用技术革新、工程项目、卓越人物等形式，培养学生精益求精的工匠精神和严谨求学的科学态度，引导其为强国建设奉献力量。

③ 增强学习过程行为互动，做"活"理实虚一体化 遵循学生的心理特点、认知水平与接受规律，以学生为中心，书中每章节设置学习目标、学习导图、国之重器、典型案例、场景延伸、拓展阅读等九项教学环节，创设面向高阶思维的案例式学习流程，充分体现"思中学、用中学、创中学"。

④ 面向移动泛在个性学习，做"强"数字资源配套 主动适应"互联网＋"发展新形势，广泛谋求校企、校际合作，采取多元协同开发富媒体新形态教材。借助国家级智能制造产教融合实训基地，集聚优质工程案例、典型行业场景和企业创新要素，校企共建微课、微视频和微场景等数字教学资源，支撑构建时时、处处、人人皆可学的个性化服务。

为方便"教"和"学"，本书配套课程大纲、多媒体课件、知识测评答案、仿真及微视频动画（采用二维码技术呈现，扫描二维码可直接观看视频内容）等数字资源包，并提供知识图谱和能力图谱。课件资源请前往化学工业出版社官网下载，网址：https://www.cip.com.cn/Service/Download。

本书内容丰富、结构清晰、形式新颖、术语规范，既适合作为普通高等院校机械类、电子信息类、自动化类等相关专业的教材，也可供行业、企业及机器人联盟和培训机构的相关技术人员参考。

本书主要由浙江师范大学兰虎、邵金均和哈尔滨理工大学张璞乐编著，上海交通大学张华军担任主审。第1章由兰虎编写，第2章由金华职业技术学院苏展和商丘工学院李金展共同编写，第3章由浙江师范大学樊俊和上海电子信息职业技术学院高桂丽共同编写，第4章由平度市技师学院刘阳和浙江交通技师学院吴浙栋共同编写，第5章由张璞乐和义乌工商职业技术学院余淑江共同编写，第 6 章由邵金均和嘉兴技师学院原瑞彬共同编写。全书由兰虎统稿，浙江师范大学苗文磊、赵佳、杨琪琪和李云霞共同负责配套数字资源开发。

从目标决策、体系构建、内容重构、教学设计、案例遴选、形式呈现、合同签订、定稿出版，本书的开发工作历时一年之久，衷心感谢参与本书编写的所有同仁的呕心付出！特别感谢高等教育科学研究规划课题（23SZH0202）、浙江省教育厅科研项目（Y202353534）、浙江省高等教育"十四五"教学改革项目（jg20220132）、浙江省普通本科高校"十四五"首批"四新"重点教材建设项目（浙高教学会〔2023〕1 号）和浙江师范大学教材建设基金等给予的经费支持！感谢金华慧研科技有限公司、上海明材数字科技有限公司等给予的教材资源支持！最后，感谢妻子郑红艳、儿子兰锡然、女儿兰梦然以及父母在各方面的理解和支持！

由于编著者水平有限，书中难免有不足之处，恳请读者批评指正，可将意见和建议反馈至 E-mail：lanhu@zjnu.edu.cn。

兰虎

图形符号

●	路径点
☀	停止点
●	非作业点 / 空走点
●	作业点
⬇	到达指令位姿
⬆	离开指令位姿
⬇	沿指令路径运动
⬈	沿点动路径运动
	关节运动
	直线运动
	圆弧运动
	原点（HOME）
	夹持器张开
	夹持器闭合
	机器人焊枪灭弧
	机器人焊枪引弧

目录
CONTENTS

本书配套数字资源

第 1 章

放眼世界，工业机器人系统与安全

工业机器人（industrial robot）是一种面向工业领域且具有一定的自主能力，可在其环境内运动以执行预期任务的可编程执行机构。它集现代制造技术、新型材料技术和信息控制技术为一体，是智能制造装备的代表性产品，其研发、制造、应用成为衡量一个国家科技创新和高端制造业水平的重要标志，世界制造强国均予以高度重视。

本章通过介绍工业机器人系统和安全常识两方面内容，帮助学生科学认知机器人工作原理，厘清机器人系统组成，了解机器人应用边界，明确机器人装备特点及安全注意事项，掌握机器人技术演变与发展方向，为后续工业机器人任务编程夯基。

学习目标

素养提升　① 领悟人形机器人的研究初衷和技术更迭，培养学生对前沿知识、新兴技术的学习能力，鼓励学生积极思考，提高辩证分析能力。
② 结合工业机器人系统知识学习，熟练掌握相关安全标识，增强学生安全意识，提升应急响应能力，保障技术工作的合规性，引导其热爱生命，树立造福民生、服务社会的自觉意识。

知识学习　① 能够识别典型工业机器人的系统组成。
② 能够阐明工业机器人的工作原理。
③ 能够辨识工业机器人的安全标识及其表达内容。

技能训练　① 能够完成工业机器人系统的模块辨识及功能描述。
② 能够遵循安全操作规程，完成安全警示。

学习导图

国之重器

人形机器人：科技走入生活，保障民生福祉，助力制造强国

技术更迭，万象更新。人形机器人逐渐从科幻小说、电影中步入人们生活。人形机器人应用广泛，适用性强，能够保障安全作业，可在许多领域中解决安全问题，提高生产安全和工作效率，为人类带来更多的便利和福祉。人形机器人可以替代人类完成危险工作，如核辐射、高温、高压等环境下的工作，避免人类受到伤害；可以用于安全监控、巡逻、排爆等领域，提高安全防范水平，减少安全事故的发生，从而保障人身安全；可以自动化地完成一些重复性、繁琐性的工作，提高工作效率，减少人为错误和疏忽；可以作为残疾人的辅助工具，帮助他们完成日常生活中的一些困难任务，提高生活质量，提高其获得感、幸福感、安全感。

工业和信息化部印发《人形机器人创新发展指导意见》指出，到 2025 年，人形机器人创新体系初步建立，"大脑、小脑、肢体"等一批关键技术取得突破，确保核心部组件安全有效供给，整机产品达到国际先进水平，实现批量生产。在特种、制造、民生服务等场景得到示范应用，探索形成有效的治理机制和手段，孕育一批开拓新业务、新模式、新业态的产业发展聚集群。

人形机器人的技术革新与市场发展既保障了人民群众的生命安全，又提升了科技改变生活的发展意识。人形机器人的广泛使用必将带来中国制造业的发展和中国服务业的结构转型。这是人类仿照自然的又一突破，是科技与生活的紧密结合，是大国工匠们的匠心巧思。人形机器人的出现使得人力资源将得到更加合理的分配和利用。当然，在享受人形机器人带来的便利的同时，我们也需要思考如何让人与机器人和谐共处，共同创造更加美好的未来。我们应该注重避免人形机器人带来的伦理和法律问题，避免出现社会问题。同时，我们也应该注重不断提升人形机器人的智能化，让它们更好地适应和融入人类社会，为人类带来更多的便利和福祉。

参考资料——《大国建造·匠心巧思》

1.1 工业机器人系统

 知识讲解

1.1.1 "机器人 +" 应用

机器人既是现代产业的关键装备，也是人类生产生活的重要工具和应对人口老龄化的得力助手。根据应用环境不同，机器人可分为工业机器人、服务机器人和特种机器人三大类。自二十世纪诞生之日起，工业机器人在工业自动化（包括但不限于制造、检验、包装和装配等）中已被广泛渗透使用。得益于我国庞大的制造业体量和相关国家行业政策扶持，通过深耕行业应用、拓展新兴应用、做强特色应用等"机器人 +"

应用行动，我国工业机器人产业发展保持良好的势头，连续十年成为全球最大的工业机器人消费国。

发展工业机器人是在不违背"机器人三原则"的前提下，让其协助或替代人类去完成人不愿干、人干不了、人干不好的工作，把人力从劳动强度大、工作环境差、危险系数高的低水平重复性工作中解放出来，实现生产的自动化、智能化和柔性化，推动行业数字化转型。从应用领域看，工业机器人可分为搬运作业机器人、焊接机器人、涂装机器人、加工机器人、装配机器人、洁净机器人等，每一大类又囊括若干小类，如图1-1所示。

图1-1　工业机器人的应用领域

（1）**搬运机器人** 搬运机器人是在食品制造、烟草制品、医药制造、橡胶和塑料制品、金属制品、汽车制造等行业，用于辅助或取代搬运装卸工人完成取料、装卸、传递、码垛等任务的工业机器人，如图 1-2 所示。

（2）**焊接机器人** 焊接机器人是在铁路、船舶、航空航天、汽车制造、通用设备制造、专用设备制造等行业，用于辅助或代替焊工完成弧焊、点焊、激光焊接、摩擦焊等所有金属和非金属材料连接任务的工业机器人，如图 1-3 所示。

图1-2　搬运机器人

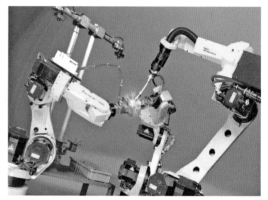

图1-3　焊接机器人

（3）**涂装机器人** 涂装机器人是在铁路、船舶、航空天、汽车制造、家具制造、陶瓷制品等行业，用于喷漆、涂胶、封釉等作业的工业机器人，如图 1-4 所示。

（4）**加工机器人** 加工机器人是在铁路、船舶、航空航天、汽车制造、金属制品等行业，用于切割、铣削、磨削、抛光、去毛刺等作业的工业机器人，如图 1-5 所示。

图1-4　涂装机器人

图1-5　加工机器人

（5）**装配机器人** 装配机器人是在汽车制造、通用设备制造、专用设备制造、仪器仪表制造等行业，用于辅助或替换人类完成零部件安装、拆卸、装配、修复等任务的工业机器人，如图 1-6 所示。

（6）**洁净机器人** 洁净机器人是在洁净室使用的，在电子器件制造、医药制造、食品制造等行业执行搬运等任务的工业机器人。目前商用的洁净机器人多为垂直关节型和平面关节型机器人，如图 1-7 所示。

总之，现阶段机器人在制造业中的应用主要是模仿人的肢体动作，如手臂的仰俯 / 伸缩、手腕的扭转 / 弯曲等。除替代体力劳动外，工业机器人正处在"机器"向"人"进化的关键时期，人的形体、人的智慧、人的灵巧性正被赋能于它，如图 1-8 和图 1-9 所示。一旦机器人智能性、易用性、安全性和交互性等方面的技术取得突破，智能化的"机器人大军"将向我们走来。届时，工业生产中太脏、太累、太危险、太无聊、太精细等人类不愿干、干不了、干不好的工作，都将成为机器人"硬汉"大显身手的舞台。从浩瀚太空到万里深海，从工厂车间到田间地头，从国之重器到百姓生活，人类将正式步入与机器人和谐共融的缤纷多彩新世界。

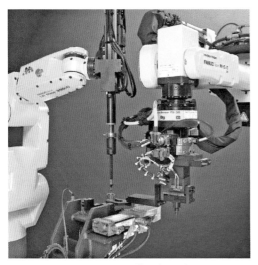

图 1-6　装配机器人

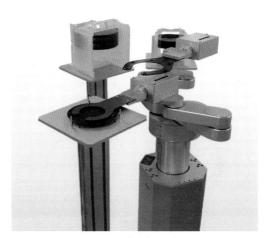

图 1-7　洁净机器人

图 1-8　人机协作单臂机器人

图 1-9　人机协作双臂机器人

1.1.2　机器人系统组成

　　工业机器人系统是由工业机器人、末端执行器和为使机器人完成其任务所需的一些工艺设备、周边装置、外部辅助轴或传感器构成的系统。

　　（1）工业机器人　工业机器人（图 1-10）主要由机构模块、控制模块以及相应的连接电缆构成，其系统架构如图 1-11 所示。机构模块（操作机）用于机器人运动的传递和运动形成的转换，由驱动机构直接或间接驱动关节模块和连杆模块执行。控制模块（控制器和示教盒）用于记录机器人的当前运行状态，实现机器人传感、交互、控制、协作、决策等功能，由主控模块、伺服驱动模块、输入输出（I/O）模块、安全模块和传感模块等构成，各子模块之间通过 CANopen、EtherNET、EtherCAT、DeviceNet、PowerLink 等一种或几种统一协议进行通信，并预留一定数量的物理接口，如 USB、RS232、RS485、CAN、以太网等。

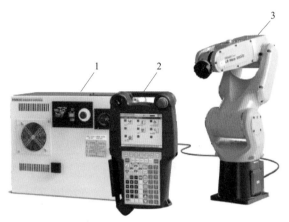

图 1-10　工业机器人的基本组成

1—控制器；2—示教盒；3—操作机（机器人本体）

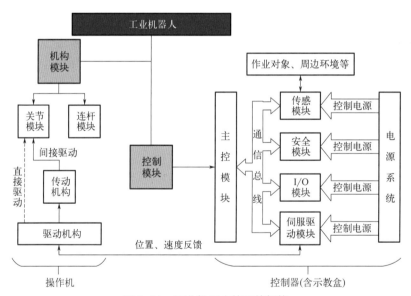

图 1-11　工业机器人的系统架构

① 操作机　操作机（manipulator）是机器人执行任务的机械主体，主要由关节和连杆构成。图 1-12 所示为六轴多关节型机器人操作机的基本结构。按照从下至上的顺序，垂直串联多关节型机器人操作机由机座、腰、肩、手臂和手腕构成，各构件之间通过"关节"串联起来，且每个关节均包含一根以上可独立转动（或移动）的运动轴。为使工业机器人在不同领域发挥其作用，机器人手腕末端被设计成标准的机械接口（法兰或轴），用于安装执行任务所需的末端执行器或末端执行器连接装置。通常将腰、肩、肘三根关节运动轴合称为主关节轴，用于支承机器人手腕并确定其空间位置。将腕关节运动轴称为副关节轴，用于支承机器人末

端执行器并确定其空间位置和姿态。机器人操作机可以看成是定位机构（手臂）连接定向机构（手腕），手腕端部末端执行器的位姿调整可以通过主、副关节的多轴协同运动合成。

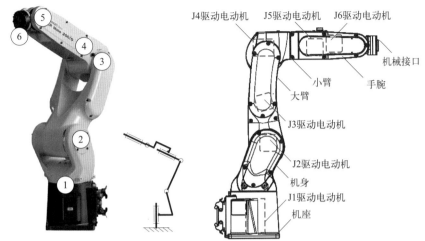

图 1-12　六轴多关节型机器人操作机的基本结构

1—腰关节（J1-axis）；2—肩关节（J2-axis）；3—肘关节（J3-axis）；

4 ~ 6—腕关节（J4-axis/J5-axis/J6-axis）

若让机器人"舞动"起来，需要给机器人的关节配置直接或间接动力驱动装置。按照动力源的类型不同，可将工业机器人关节的驱动方式分为液压驱动、气压驱动和电动驱动三种类型。其中，电动驱动（如步进电动机、伺服电动机等）是现代工业机器人主流的一种驱动方式，且基本是一根关节运动轴安装一台驱动电动机。目前大多数工业机器人使用的伺服电动机额定功率小于 5kW（额定转矩低于 30Nm），对于中型及以上关节型机器人而言，伺服电动机的输出转矩通常远小于驱动关节所需的力矩，须采用伺服电动机搭配精密减速器的间接驱动方式，利用减速器行星轮系的速度转换原理，把电动机轴传递的转速降低，以获得更大的输出转矩。减速器的类型繁多，但应用于工业机器人关节传动的高精密减速器属 RV 摆线针轮减速器和谐波齿轮减速器较为主流。后者体积小、重量轻，适合承载能力较小的关节部位，通常被安装在机器人腕关节处。前者承载力强，适合承载能力较大的关节部位，是中型、重型和超重型工业机器人关节驱动的核心部件。

② 控制器　控制器（control system）可看作工业机器人的"大脑"，是实现机器人传感、交互、控制、协作和决策等功能硬件以及若干应用软件的集合，是机器人"智力"的集中体现。在工程实际中，控制器的主要任务是根据任务程序指令以及传感器反馈信息支配操作机完成规定的动作和功能，并协调机器人与周边辅助设备的通信，其典型硬件架构如图 1-13 所示。

硬件决定性能边界，软件发挥硬件性能并定义产品的行为，通过"软件革命"驱动的工业机器人创新发展成为主流趋势。目前不少优秀的工业软件公司利用从机器人制造商定制的专用机器人，搭配自己开发的应用软件包在某个细分领域独领风骚，如德国杜尔（Dürr）、日本松下（Panasonic）等。全球工厂自动化行业领先的发那科（FANUC）机器人公司凭其强大的研发、设计及制造能力，基于自身硬件平台为用户提供革命性的软件、控制系统及传感系统（表 1-1），用户可借助内嵌于机器人控制器中的应用软件快速建立机器人系统。

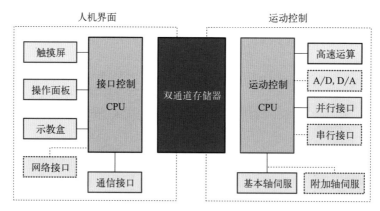

图 1-13　工业机器人控制器架构

表 1-1　工业机器人控制器的应用软件（以 FANUC 机器人为例）

功能模块	应用软件
控制	Robot Link　多机器人协调（同）运动控制 Coordinated Motion Function　外部附加轴的协调运动控制 Line Tracking　移动输送线（带）同步控制 Integrated Programmable Machine Controller　控制器内置软 PLC
传感	iRCalibration　视觉辅助单轴 / 全轴零点标定和工具中心点（TCP）标定 iRVision 2D Vision Application　工件位置和机器人抓取偏 差 2D 视觉补偿 iRVision 3D Laser Vision Sensor Application　工件位置和机器人抓取偏差 3D 激光视觉补偿 iRVision Inspection Application　机器人视觉测量 iRVision Visual Tracking　视觉辅助移动输送带拾取、装箱、整列等作业 iRVision Bin Picking Application　视觉辅助散堆工件拾取 Force Control Deburring Package　力控去毛刺
工艺	HandlingTool　机器人搬运作业 PalletTool　机器人码垛作业 PickTool　机器人拾取、装箱、整列等作业 ArcTool　机器人弧焊作业 SpotTool　机器人点焊作业 DispenseTool　机器人涂胶作业 PaintTool　机器人喷漆作业 LaserTool　机器人激光焊接 / 切割作业
通信	DeviceNet Interface　机器人作为主站或从站时的 DeviceNet 总线通信 CC-Link Interface（Slave）　机器人作为从站时的 CC-Link 总线通信 PROFIBUS-DP（12M）Interface　机器人作为主站或从站时的 PROFIBUS-DP 总线通信 Modbus TCP Interface　机器人作为主站或从站时的 Modbus TCP 总线通信 EtherNet/IP I/O Scan　机器人作为主站时的 EtherNet/IP 以太网通信 EtherNet/IP Adapter　机器人作为从站时的 EtherNet/IP 以太网通信 PROFINET I/O　机器人作为主站或从站时的 PROFINET 以太网通信 EtherCAT Slave　机器人作为从站时的以太网通信 CC-Link IE Field Slave　机器人作为从站时的 CC-Link IE Field 以太网通信

③ 示教盒　示教盒（teach pendant）是与机器人控制器相连，用于机器人手动操作、

任务编程、诊断控制以及状态确认的手持式人机交互装置。作为选配件，用户可通过计算机或平板电脑替代示教盒进行机器人运动控制和程序编辑等操作。由于国际上暂无统一标准，目前已投入市场的示教盒多属于品牌专用，如图 1-14 所示。例如，KUKA 机器人配备的 smartPAD、ABB 机器人配备的 FlexPendant、FANUC 机器人配备的 iPendant、MOTOMAN 机器人配备的 DX200 等。

(a) ABB FlexPendant　　　　　(b) Media-KUKA smartPAD

(c) FANUC iPendant　　　　　(d) YASKAWA-MOTOMAN DX200

图 1-14　世界著名工业机器人的专用示教盒

（2）**末端执行器**　末端执行器（end effector）是安装在机器人手腕端部机械接口处直接执行任务的装置，它是机器人与作业对象、周边环境交互的前端。在 GB/T 19400-2003《工业机器人　抓握型夹持器物体搬运　词汇和特性表示》中，将末端执行器分为工具型末端执行器和夹持型末端执行器两种类型。

① **工具型末端执行器**　本身能进行实际工作，但由机器人手臂移动或定位的末端执行器，如弧焊焊枪［图 1-15（a）］、点焊焊钳、研磨头、喷砂器、喷枪［图 1-15（b）］、胶枪、自动螺丝刀等。

② **夹持型末端执行器**　夹持型末端执行器（以下简称夹持器）是一种夹持物体或物料的末端执行器。按照夹持原理的不同，可将夹持器分为抓握型夹持器和非抓握型夹持器两种类型，见表 1-2。前者用一个或多个手指搬运物体，后者是以铲、钩、穿刺和黏着，或以真空 / 磁性 / 静电等悬浮方式搬运物体。

(a) 机器人弧焊焊枪

(b) 机器人喷枪

图 1-15　工具型末端执行器

表 1-2　夹持型末端执行器的类型及其用途

夹持器类型		驱动方式	应用场合	夹持器示例
抓握型夹持器	外抓握（外卡式）	气动 / 电动 / 液压	主要用于长轴类工件的搬运	
抓握型夹持器	内抓握（内胀式）	气动 / 电动 / 液压	主要用于以内孔作为抓取部位的工件	
非抓握型夹持器	气吸附	气动	主要用于表面坚硬、光滑、平整的轻型工件，如汽车覆盖件、金属板材等	
	磁吸附	电动	主要用于对磁力（或者电磁力）产生感应的工件，对于要求不能有剩磁的工件，吸取后要退磁处理，且高温不可使用	
	粘接式	—	主要用于平整、光滑或多孔物件的无痕夹持，无需清洁步骤，紧凑无痕壁虎型单垫粘接夹持器无需电力或空气供应，即插即用	

夹持器类型	驱动方式	应用场合	夹持器示例
非抓握型夹持器	托铲式	—	主要用于集成电路制造、半导体照明、平板显示等行业，如真空硅片、玻璃基板的搬运	

（3）**传感器**　除依靠"肢体"和"大脑"外，工业机器人还需要先进的传感装置来丰富自己的"知觉"，以提升对自身状态和外部环境的"感知"能力。概括来讲，机器人传感器（robot sensor）可以分为两类：一是内部状态传感器，指用于满足机器人末端执行器的运动要求和碰撞安全而安装在操作机上的位置、速度、碰撞等传感器，如旋转编码器、力觉传感器、防碰撞传感器等；二是外部状态传感器，指第二代和第三代工业机器人系统中用于感知外部环境状态所采用的传感器，如视觉传感器、超声波传感器、接触/接近觉传感器等。常见的工业机器人传感器及其应用场合见表 1-3。图 1-16 所示为工业机器人视觉传感原理。智能化机器人焊接系统配备 2D 广角工业相机，能够对焊接平台上的组件进行全景拍照，识别组件类型和测量几何尺寸，进行目标粗定位，以及规划机器人焊接初始路径。然后通过 3D 激光视觉精确纠偏焊缝位置，识别坡口类型，并自主规划焊道排布、焊接路径、焊枪姿态和工艺参数，生成多层多道焊接任务程序，实现机器人自主焊接作业。

表 1-3　常见的工业机器人传感器

传感器类别	工作原理	应用场合	传感器示例
内部状态传感器	旋转编码器	又称码盘，按照码盘的刻孔方式不同，可将其分为增量式和绝对式两类：增量式编码器是将角位移转换成周期性的电信号，再把这个电信号转变成计数脉冲，用脉冲的个数表示位移的大小；绝对式编码器的每一个位置对应一个确定的数字码，因此它的示值只与测量的起始和终止位置有关，而与测量的中间过程无关	主要用于测量机器人操作机各运动关节（轴）的角位置和角位移	
	力觉传感器	通过检测弹性体变形来间接测量所受力，目前出现的六维力觉传感器可实现全力信息的测量，一般装于机器人关节处	主要用于测量机器人自身力与外部环境力之间的相互作用力	

续表

传感器类别		工作原理	应用场合	传感器示例
内部状态传感器	防碰撞传感器	在机器人操作机和末端执行器发生碰撞时提前或同步检测到这一碰撞,防碰撞传感器发送一个信号给机器人控制器,机器人会立即停止或者避免碰撞发生	主要用于检测机器人操作机和末端执行器与工件、夹具以及周边设备之间发生的碰撞,是一种机器人过载保护装置	
外部状态传感器	视觉传感器	利用光学元件和成像装置获取外部环境图像信息的仪器,是整个机器视觉系统信息的直接来源,通常用图像分辨率来描述视觉传感器的性能	主要用于机器人引导(定位、纠偏、实时反馈),物品检测(防错、计数、分类、表面伤缺)和测量(距离、角度、平面度、表面轮廓等)	
	超声波传感器	将超声波信号(振动频率高于 20kHz 的机械波)转换成其他能量信号(通常是电信号)的传感器	主要用于检测机器人与周围对象物或障碍物的接近程度,避免碰撞	
外部状态传感器	接触/接近觉传感器	采用机械接触式或非接触式(光电式、光纤式、电容式、电磁感应式、红外式、微波式等)原理感知相距几毫米至几十厘米内对象物或障碍物距离、相对倾角甚至表面性质的一种传感器	主要用于感知机器人与周围对象物或障碍物的接近程度,判断机器人是否接触物体,避免碰撞,实现无冲击接近和抓取操作	

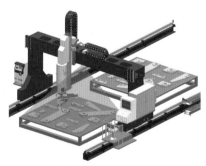
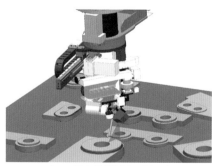

(a) 2D广角视觉全景拍照识别定位　　　　　(b) 3D激光视觉焊缝寻位跟踪

图 1-16　工业机器人视觉传感原理

(4) 周边(工艺)设备 工业机器人作为高效、柔性的先进机电装备,给它安装什么样的"手"(末端执行器)、配置什么样的周边设备、设置什么样的运动路径,它就可以完成什么样的任务。通过"机器人+"自动化集成技术,可以让它转换成各种机器人柔性系统,如机器人焊接系统、机器人上下料系统、机器人折弯系统等,以适应当今多品种、小批量、大规模的柔性制造模式。图 1-17 所示的钢结构机器人焊接系统，就是集成了焊接电源、送丝机构、机器人焊枪、焊接变位机、护栏及安全光幕等工艺设备和装置以及焊接工艺软件包，适用于各类通用设备、专用设备和金属船舶制造等自动化焊接作业。

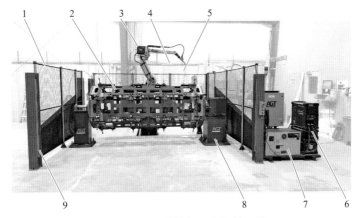

图 1-17　钢结构机器人焊接系统

1—护栏；2—焊件；3—送丝机构；4—操作机；5—机器人焊枪；6—焊接电源；

7—控制器；8—焊接变位机；9—安全光幕

综上所述，一套较完整的工业机器人系统主要是由机械、控制和传感三部分组成，分别负责机器人的动作、思维和感知能力。机械部分包括主体结构（执行机构）和驱动系统，通常所指为操作机，它是机器人完成作业动作的机械主体。控制部分包括控制器和示教盒，用于对驱动系统和执行机构发出指令信号，并进行运动和过程等控制。传感部分则主要实现机器人自身以及外部环境状态的感知，为控制决策提供反馈。

1.1.3　机器人技术等级

按照机器人"大脑"智能的发展阶段不同，可以将工业机器人分为三代：第一代是计算智能机器人，以编程、微机计算为主；第二代是感知智能机器人，通过各种传感技术的应用，提高机器人对外部环境的适应性，即"情商"得到提升；第三代是认知智能机器人，除具备完善的感知能力，机器人"智商"得到增强，可以"自主"规划任务和运动轨迹。

（1）**计算智能机器人**　第一代工业机器人的基本工作原理是"示教 - 再现"，如图 1-18 所示。由机器人现场工程师事先将完成某项作业所需的运动轨迹、工艺条件和动作次序等信息通过直接或间接的方式对机器人进行"调教"，在此过程中，机器人逐一记录每一步操作。示教结束后，机器人便可在一定的精度范围内重复"所学"动作。目前在工业中大量应用的传统机器人多数属于此类，因无法补偿工件或环境变化所带来的加工、定位、磨损等误差，故主要被应用在精度要求不高的搬运作业场合。

（2）**感知智能机器人**　为解决第一代机器人在工业应用中暴露的编程繁琐、环境适应性差以及潜在危险等问题，第二代机器人配备有若干传感器（如视觉传感器、力传感器、触觉传感器等），能够获取周边环境和作业对象变化的信息，以及对行为过程的碰撞进行实时检测，然后经由计算机处理、分析并作出简单的逻辑推理，对自身状态进行及时调整，基本实现人 - 机 - 物的闭环控制。例如，协作机器人 LBR iiwa（图 1-19）使用力矩

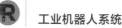

传感器实现机器人现场工程师的牵引示教以及无安全围栏防护条件下的人机协同作业、基于视觉传感导引的零散件机器人随机拾取、采用接触传感的机器人焊接起始点寻位……类似的感知智能技术是第二代机器人的重点突破方向。

图 1-18　第一代计算智能机器人

图 1-19　第二代感知智能机器人

（3）**认知智能机器人**　第二代工业机器人虽具有一定的感知智能，但其未能实现基于行为过程的传感器融合进行逻辑推理、自主决策和任务规划，对非结构化环境的自适应能力十分有限。"综合智力"提升是新的关键发展目标，第三代机器人将借助人工智能技术

图 1-20　第三代认知
智能机器人

和以物联网、大数据、云计算为代表的新一代物物相连、物物相通信息技术，通过不断地深度学习和进化，能够在复杂变化的外部环境和作业任务中，自主决定自身的行为，具有高度的适应性和自治能力。第三代工业机器人与第五代计算机❶密切关联，其内涵、功能仍处于研究开发阶段，目前全球仅日本本田（Honda）和软银旗下的波士顿动力（Boston Dynamics）两家公司研制出原型样机。相对于 Boston Dynamics 研发的仿人机器人（Atlas、Handle）而言，Honda 的仿人机器人 Asimo（图 1-20）更偏向于通过表演来展现技术特性，其最新款样机能够将人类的动作模仿得惟妙惟肖，能跑能走，能够上下阶梯，还会踢足球、开瓶盖、倒茶倒水，动作十分灵巧。虽然这些产品可完成诸多精细动作，但其造价昂贵、难以量产，很难将技术成果转化为商业利益，这为其发展带来诸多阻力。

1.1.4　机器人工作原理

因人工智能技术与工业机器人技术深度融合尚未成熟，目前市面上的工业机器人主要是计算智能机器人和感知智能机器人，其工作原理为"示教 - 再现"。

（1）**示教 - 再现**　示教是指机器人现场工程师以在线或离线方式导引机器人，逐步按实际作业内容"调教"机器人，并以任务程序的形式将上述过程逐一记忆下来，存储在机器人控制器内的 SRAM（static random access memory，静态随机存取存储器）中。再现是通过存储内容的"回放"，机器人能够在一定精度范围内按照指令逻辑重复执行任务程

❶ 第五代计算机是把信息采集、存储、处理、通信同人工智能结合在一起的智能计算机系统。它能进行数值计算或处理一般的信息，主要面向知识处理，具有形式化推理、联想、学习和解释的能力，能够帮助人们进行判断、决策、开拓未知领域和获得新的知识。

序记录的动作。采用"数字工人"进行自动化作业，须预先赋予机器人"运动学"信息，如图 1-21 所示。

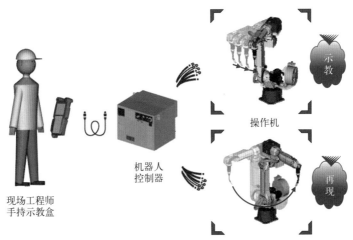

图 1-21　工业机器人的示教 - 再现

从机构学角度分析，工业机器人操作机（本体）可以看成是由一系列刚体（杆件）通过转动或移动副（关节）组合连接而成的多自由度空间链式机构。那么，工业机器人在执行任务过程中如何实现多关节轴运动的分解与合成？如何在指定时间内按指令速度沿某一路径运动？又如何保证机器人末端执行器的位姿准确度及重复性？要弄清这些问题，就需要对工业机器人运动控制（学）有所了解。概括来讲，在机器人运动学中，存在以下两类基本问题：

① 运动学正解（forward kinematics）　运动学正解也称正向运动学，即已知一机械杆系关节的各坐标值，求该杆系内两个部件坐标系间的数学关系。对于工业机器人操作机而言，运动学正解一般指求取工具坐标系和（参考）机座坐标系间的数学关系。机器人示教过程中，机器人控制器逐点进行运动学正解运算，解决的是"去哪儿？"（Where）问题，如图 1-22（a）所示。

② 运动学逆解（inverse kinematics）　运动学逆解也称逆向运动学，即已知一机械杆系两个部件坐标系间的关系，求该杆系关节各坐标值的数学关系。对于工业机器人操作机而言，运动学逆解一般指求取的工具坐标系和（参考）机座坐标系间关节各坐标值的数学关系。当机器人再现时，机器人控制器逐点进行运动学逆解运算，将角矢量分解到操作机的各关节，解决的是"怎么去？"（How）问题，如图 1-22（b）所示。

（2）运动控制　工业机器人运动控制的焦点是机器人末端执行器或工具中心点（TCP）的空间位姿。目前，第一代机器人的基本动作控制方式主要有点位控制、连续路径控制和轨迹控制三种，第二代和第三代机器人的动作控制还包括传感控制、学习控制和自适应控制等。

① 点位控制（pose to pose control）　点位控制也称 PTP 控制，是现场工程师只将目标指令位姿赋予机器人，而对位姿间所遵循的路径不作规定的控制方法。PTP 控制只要求机器人末端执行器的指令位姿精度，而不保证指令位姿间所遵循的路径精度。如图 1-23 所示，倘若选择 PTP 控制工业机器人末端执行器从点 A 运动到点 B，那么机器人可沿①～③中的任一路径运动。PTP 控制方式简单易实现，适用于仅要求位姿准确度及重复性的场合，如机器人点焊和弧焊非作业区间等。

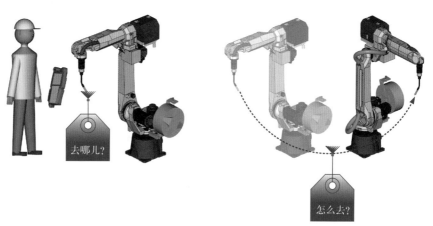

(a) 运动学正解(示教)　　　　　　　　　　　(b) 运动学逆解(再现)

图1-22　工业机器人示教 - 再现的运动学正解和逆解

② 连续路径控制（continuous path control）　连续路径控制也称CP控制，是现场工程师将目标指令位姿间所遵循的路径赋予机器人的控制方法。CP控制不仅要求机器人末端执行器到达目标指令位姿的精度，而且应保证工业机器人能沿指令路径在一定精度范围内重复运动。如图1-23所示，倘若要求工业机器人末端执行器由点A线性运动到点B，那么机器人仅可沿路径②移动。CP控制方式适用于要求路径准确度及重复性的场合，如机器人弧焊作业区间等。

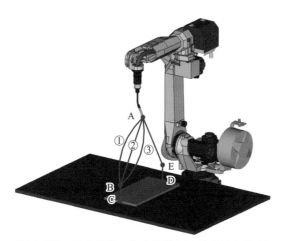

图1-23　工业机器人的点位控制和连续路径控制

③ 轨迹控制（trajectory control）　轨迹控制是包含速度规划的连续路径控制。工业机器人示教时，指令路径上各示教点的位姿默认保存为笛卡儿空间（直角）坐标形式；待机器人再现时，机器人主控制器（上位机）从存储单元中逐点取出各示教点空间位姿坐标，通过对其路径进行直线或圆弧插补运算，生成相应的路径规划，然后把各插补点的位姿坐标通过运动学逆解转换成关节矢量，再分别发送给机器人各关节控制器（下位机），如图1-24所示。目前工业机器人轨迹插值算法主要采用直线插补和圆弧插补两种。对于非直线、圆弧运动轨迹，可以通过直线或圆弧近似逼近。

为保证工业机器人运动轨迹的平滑性，关节控制器（下位机）在接收主控制器（上位机）发出的各关节下一步期望达到的位置后，又进行一次均匀细分，将各关节下一细步期望值逐点送给驱动电动机。同时，利用安装在关节驱动电动机轴上的光电编码器实时获取各关节的旋转位置和速度，并与期望位置进行比较反馈，实时修正位置误差，直到精准到位，如图 1-25 所示。

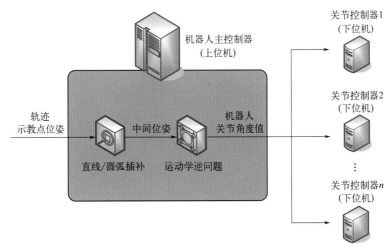

图 1-24　工业机器人的轨迹插补

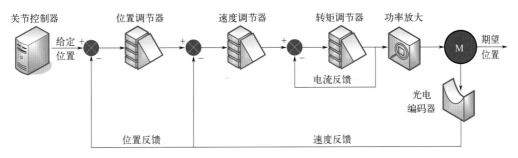

图 1-25　工业机器人的位置控制

 **典型案例**

焊接机器人系统

随着工业领域智能化、绿色化进程的不断深入，实现焊接产品制造自动化与柔性化已成为提高焊接质量和生产效率的必然趋势。作为一种仿人操作、自动控制、可重复编程、能在三维空间完成几乎所有焊接位置的先进制造装备，焊接机器人具有保证焊接质量的稳定性和一致性、提高生产效率、改善工作条件等优点，成为焊接技术升级的主要标志。

本案例以图 1-26 所示的标准焊接机器人系统为例，通过辨识机器人系统各组成部分及其功能，深化学生对典型机器人应用系统的认知，明晰机器人编程对象特点，为后续合理使用机器人筑牢基础。

策略分析：工业机器人在焊接领域的应用可以看作是焊接（工艺）系统和机器人（执

行）系统的深度融合。机器人是焊接工艺的执行"载体"，负责携带机器人焊枪沿规划路径作业。焊接系统为焊接工艺的能源"核心"，提供熔化工件和填充材料的电弧热源。工艺辅助设备是焊接工艺的绿色"助手"，保持待焊工件姿态及作业环境条件处于最佳。传感系统为焊接工艺的执行"向导"，负责感知作业环境变化，使机器人的作业动作更加精准和稳定。由此，从焊接机器人、焊接系统、辅助设备和传感系统四个维度即可全面认知焊接机器人系统构成，如图 1-27 所示。

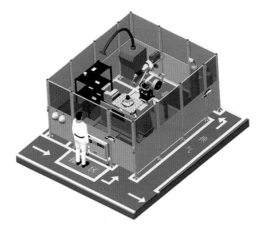

图 1-26　标准焊接机器人系统

图 1-27　焊接机器人系统构成

1.2 工业机器人安全常识

 知识讲解

1.2.1 安全防护装置

现有市场上应用的工业机器人绝大多数属于传统工业机器人，即需要在机器人最大空间边界使用固定式防护装置（可拆卸掉的护栏、屏障、保护罩等）或活动式防护装置（手动操作或电动的各种门和保护罩等）规划出安全防护空间，如图 1-28 所示。

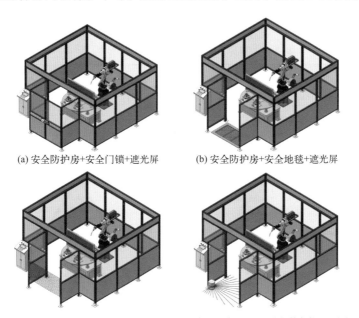

(a) 安全防护房+安全门锁+遮光屏　　(b) 安全防护房+安全地毯+遮光屏

(c) 安全防护房+安全光幕+遮光屏　(d) 安全防护房+激光区域保护扫描器+遮光屏

图 1-28 工业机器人系统安全防护装置

 点拨

为确保工业机器人作业过程的安全性，主流机器人控制器基本都采用双保险安全回路。

为提升机器人系统集成的兼容性，主流机器人控制器内的急停安全控制板上提供有外部紧急停止（EES）、安全护栏（EAS）输入端子和外部紧急停止（ESPB）输出端子。

1.2.2 常见安全标志

为预防工业机器人功能测试、编程和操作过程中的安全事故，通常在机器人系统各模块的醒目位置安装（贴）相应的安全标志，如图 1-29 所示。表 1-4 是工业机器人系统配置的禁止、警告、指令和提示等常见安全标志。

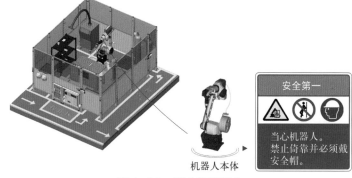

机器人本体

图 1-29　禁止倚靠标志

表 1-4　常见的工业机器人系统安全标志

编号	图形标志	图标名称	编号	图形标志	图标名称
1		当心机器人 Warning robot moves	7		当心高温表面 Warning hot surface
2		当心高压气体 Warning compressed gas	8		当心触电 Warning electric shock
3		注意安全 Warning welding in progress	9		禁止倚靠 No leaning
4		当心弧光 Warning arc flash	10		禁止吸烟 No smoking
5		当心焊接烟尘 Warning weld fumes	11		必须戴安全帽 Must wear safety helmet
6		当心焊接飞溅 Warning weld spatter	12		必须戴焊接面罩 Must wear welding mask

续表

编号	图形标志	图标名称	编号	图形标志	图标名称
13		必须戴防尘口罩 Must wear dustproof mask	15		必须戴防护手套 Must wear protective glove
14		必须穿工作服 Must wear working suite	16		必须穿防护鞋 Must wear protective shoes

1.2.3　安全操作规程

工业机器人及其系统和生产线的相关潜在危险（如机械危险、电气危险和噪声危害等）已得到广泛承认。鉴于工业机器人在应用中的危险具有可变性质，GB 11291.1—2011《工业环境用机器人　安全要求　第 1 部分：机器人》提供了在设计和制造工业机器人时的安全保证建议，GB 11291.2—2013《机器人与机器人装备 工业机器人的安全要求　第 2 部分：机器人系统与集成》提供了从事工业机器人系统集成、安装、功能测试、编程、操作、保养和维修的人员安全防护准则。机器人现场工程师应接受相关的专业培训，下面仅列出手动模式和自动模式下的一般注意事项。

（1）手动模式　手动模式（manual mode）分为手动降速模式（T1 模式或示教模式）和手动高速模式（T2 模式或高速程序验证模式）。在手动降速模式下，机器人工具中心点（TCP）的运行速度限制在 250mm/s 以内，确保机器人现场工程师有足够的时间从危险运动中脱身或停止机器人运动。手动降速模式适用于机器人的慢速运行、任务编程以及程序验证，也可被选择用于机器人的某些维护任务。在手动高速模式下，机器人能以指定的最大速度（高于 250mm/s）运行，适合程序验证和试运行。在手动模式下，机器人的使用安全要求如下：

①严禁携带水杯和饮品进入安全防护空间。

②严禁用力摇晃和扳动操作机，禁止在操作机上悬挂重物，禁止倚靠机器人控制器或其他控制柜。

③在使用示教盒和操作面板时，为防止发生误操作，禁止戴手套进行操作，应穿戴适合于作业内容的安全帽、工作服和劳保鞋等。

④非工作需要，不宜擅自进入安全防护空间，如若机器人现场工程师需要进入安全防护空间，应随身携带示教盒，防止他人误操作。

⑤在编程与操作前，应仔细确认机器人系统安全防护装置和互锁功能异常，并确认示教盒能正常操作。

⑥点动机器人时，应事先考虑机器人操作机的运动趋势，宜选用低速模式。

⑦在点动机器人过程中，应排查规避危险或逃生的退路，以避免由于机器人和外围设备而堵塞路线。

⑧时刻注意周围是否存在危险，以便在需要的时候可以随时按下【紧急停止按钮】。

（**2**）**自动模式**　机器人控制系统按照任务程序运行的一种操作方式，也称为 Auto 模式或生产模式（automatic mode）。当查看或测试机器人系统对任务程序的反应时，机器人使用的安全要求如下：

① 执行任务程序前，应确认安全栅栏或安全防护区域内没有非授权人员停留。

② 检查安全保护装置安装到位且处于运行中，如有任何危险或故障发生，在执行任务程序前，应排除故障或危险并完成再次测试。

③ 机器人现场工程师仅执行本人编制或了解的任务程序，否则应在手动模式下进行程序验证。

④ 在执行任务过程中，操作机在短时间内未做任何动作，切勿盲目认为程序执行完毕，此时机器人系统极有可能在等待让它继续动作的外部输入信号。

现场工程师可以通过机器人控制器操作面板或/和示教盒上的【模式旋钮】实现手动模式和自动模式的切换，如图 1-30 所示。

点拨

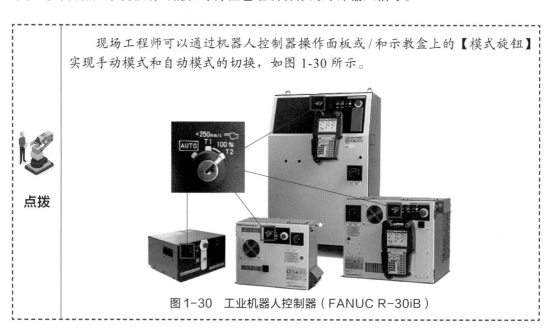

图 1-30　工业机器人控制器（FANUC R-30iB）

1.2.4　防护用品穿戴

一般来讲，机器人作业现场环境较为恶劣，噪声、弧光、废气、飞溅和电磁辐射等可能会危害人体健康，因此在作业开始前机器人现场工程师须穿戴好防护用品（图 1-31），具体要求如下：

① **头部防护**　进入工作区域前，视机器人作业内容，必须正确穿戴头部防护器具，如安全帽、护耳器、防护眼镜和防尘口罩等。

② **身体防护**　视机器人完成工艺而定，当机器人完成焊接等热加工时，现场工程师须穿好具备阻燃功能的防护服，避免被烫伤和烧伤。

③ **手部防护**　如需装卸或预装配工件时，须穿戴（绝缘）手套，避免被试件边角划伤。特别强调的是，手持示教盒进行机器人任务编程和点动操作时，为提高按键操作的感知效果，须摘下手套。

④ **脚部防护**　为防止发生触电事故和砸伤事件，现场工程师须穿好绝缘（劳保）鞋。

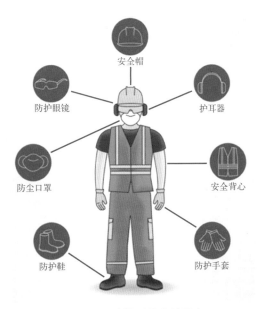

图 1-31　防护用品穿戴示意

典型案例

焊接机器人系统安全标志

　　焊接机器人系统是一套集光、机、电、气等于一体的柔性数字化装备，其应用编程、功能调试和操作过程中的作业安全至关重要。从工艺角度而言，伴随焊接等作业时产生的弧光、噪声、废气、烟尘、飞溅和电磁辐射等可能危害人体健康。从运动角度来讲，工业机器人末端最高速度可达 2 ～ 4m/s，尤其焊枪等末端执行器前端为裸露的钢质尖头，稍有不慎将发生碰撞和划伤等人机损伤行为。

　　本案例以焊接机器人工作站为例，通过从图 1-32 ～图 1-35 所示的电、光、热、气等多个维度规范管理和维护机器人系统安全标志，深化学生对工业机器人安全常识的认知，为后续安全、高效使用机器人提供基本保证。

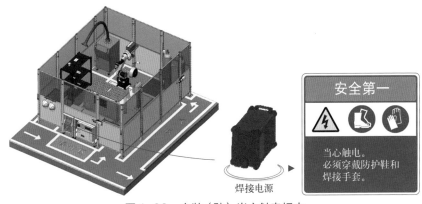

图 1-32　安装（贴）当心触电标志

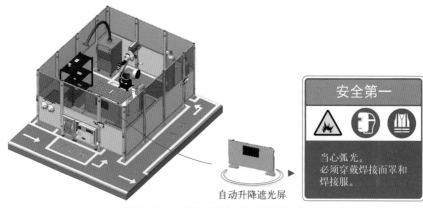

自动升降遮光屏

图1-33　安装（贴）当心弧光标志

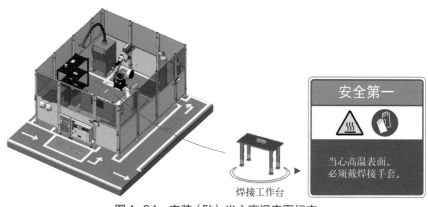

焊接工作台

图1-34　安装（贴）当心高温表面标志

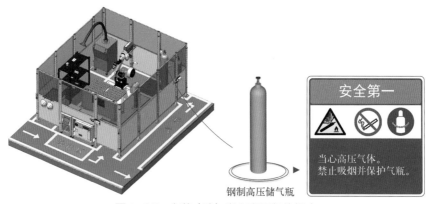

钢制高压储气瓶

图1-35　安装（贴）当心高压气体标志

本章小结

　　机器人在制造业各领域的应用系统可以看作是工艺系统和执行系统的高度集成。

　　工业机器人按技术等级可以分为计算智能机器人、感知智能机器人和认知智能机器人，计算智能机器人和感知智能机器人的工作原理为示教 – 再现。

从空间视域看，工业机器人的操作空间小于工作空间，工作空间小于最大空间，最大空间小于安全防护空间。

 **拓展阅读**

智能制造与工业机器人

智能制造是制造强国建设的主攻方向，其发展程度直接关乎我国制造业质量水平。发展智能制造，是加速我国工业化和信息化深度融合、推动制造业供给侧结构性改革的重要着力点，对于巩固实体经济根基、建成现代产业体系、实现新型工业化具有重要作用。

（1）**智能制造**　随着全球新一轮科技革命和产业变革突飞猛进，新一代信息通信、生物、新材料、新能源等技术不断突破，并与先进制造技术加速融合，为制造业高端化、智能化、绿色化发展提供了历史机遇。同时，世界处于百年未有之大变局，国际环境日趋复杂，全球科技和产业竞争更趋激烈，大国战略博弈进一步聚焦制造业，美国"先进制造业领导力战略"、德国"国家工业战略 2030"、日本"社会 5.0"等以重振制造业为核心的发展战略，均以智能制造为主要抓手，力图抢占全球制造业新一轮竞争制高点。

当前，我国已转向高质量发展阶段，正处于转变发展方式、优化经济结构、转换增长动力的攻关期，但制造业供给与市场需求适配性不高、产业链供应链稳定面临挑战、资源环境要素约束趋紧等问题凸显。站在新一轮科技革命和产业变革与我国加快高质量发展的历史性交汇点，要坚定不移地以智能制造为主攻方向，推动产业技术变革和优化升级，推动制造业产业模式和企业形态根本性转变，以"鼎新"带动"革故"，提高质量、效率效益、减少资源能源消耗，畅通产业链供应链，助力碳达峰碳中和，促进我国制造业迈向全球价值链中高端。

智能制造是基于先进制造技术与新一代信息技术深度融合，贯穿于设计、生产、管理、服务等产品全生命周期，具有自感知、自决策、自执行、自适应、自学习等特征，旨在提高制造业质量、效率效益和柔性的先进生产方式。智能制造系统架构可以从生命周期、系统层级和智能特征三个维度对智能制造所涉及的要素、装备、活动等内容进行描述，如图 1-36 所示。

（2）**智能制造领域不可或缺的一员——工业机器人**　随着劳动力人口下降、人力成本上升以及制造业数字化、智能化改造升级需求日益凸显，工业机器人在制造业的应用越来越广阔，其标准化、模块化、智能化程度也越来越高，并向着成套技术与装备的方向发展。工业机器人位于智能制造系统架构生命周期的生产和物流环节、系统层级的设备层级和单元层级，以及智能特征的资源要素，如图 1-37 所示。当下，机器人与智能制造整体解决方案的需求被加速激发。机器人与智能制造整体解决方案的应用不仅能够提高企业生产效率和市场竞争力，同时可以大幅降低用工风险，推动自动化、智能化、低碳化生产模式是企业发展的必然趋势。

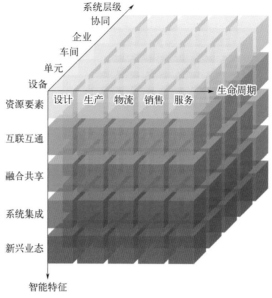

图1-36　智能制造系统架构

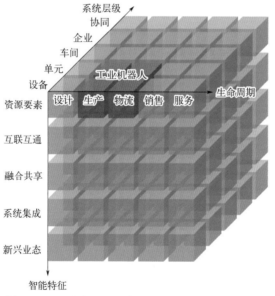

图1-37　工业机器人在智能制造系统架构中的位置

 知识测评

一、填空题

1. 根据应用环境不同，机器人可分为_____、_____和_____三大类。

2. 按照机器人"大脑"智能的发展阶段，可将工业机器人划分为三代，分别是

_____机器人、_____机器人和_____机器人。

3. 工业机器人主要由_____、_____以及相应的连接电缆构成。

4. _____是安装在机器人手腕端部机械接口处直接执行任务的装置，可将其分为_____和_____两种类型。

5. 现在广泛使用的工业机器人的基本工作原理是_____。操作者手把手教机器人做某些动作，机器人的控制系统以_____的形式将其记忆下来的过程称之为_____，机器人按照示教时记录下来的程序展现这些动作的过程称之为_____。

6. 工业机器人的基本动作控制方式主要包括_____和_____两种。当进行_____运动控制时，机器人末端执行器不仅要保证运动的起点和目标点位姿，而且应保证机器人能沿所期望的轨迹在一定精度范围内跟踪运动。

7. 第一代和第二代工业机器人通常需要使用_____防护装置或_____防护装置确立安全作业空间。

8. 图 1-38 所示为_____机器人。图中 1 是_____，2 是_____，3 是_____，4 是_____，5 是_____，6 是_____，7 是_____。

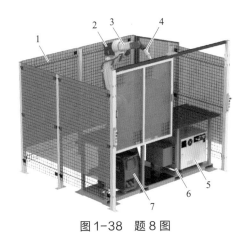

图 1-38　题 8 图

二、选择题

1. 按照从下至上的顺序，六轴垂直多关节型机器人本体包括哪些关节？（　　　）

①腰关节；②肩关节；③肘关节；④腕关节

A．①②　　　　　　B．①②③　　　　　　C．①②④　　　　　　D．①②③④

2. 工业机器人一般设置有哪几种操作模式？（　　　）

①手动降速模式（T1 模式）；②手动高速模式（T2 模式）；③自动模式（Auto 模式）

A．①②③　　　　　B．①②　　　　　　C．②③　　　　　　D．①③

3. 机器人现场工程师防护用品通常包括哪些？（　　　）

①安全帽；②防尘口罩；③防护眼镜；④防护鞋；⑤防护手套

A．①②③④　　　　B．①②③　　　　　C．②③④⑤　　　　D．①②③④⑤

4. 工业机器人系统组成主要有哪几部分？（　　　）

①工业机器人；②工艺系统及辅助设备；③末端执行器；④传感系统

A．①②③　　　　　B．②③④　　　　　C．①②③④　　　　D．①②④

三、判断题

1. 焊接烟尘治理的两种途径，一是采用单机移动式烟尘净化器，二是采用中央/集成式烟尘净化系统。（　　　）

2. 机器人运动学正解是已知一机械杆系两个部件坐标系间的关系，求该杆系关节各坐标值的数学关系。（　　　）

3. 工业机器人的驱动器布置大都采用一个关节一个驱动器，且基本采用伺服电机驱动。（　　　）

4. 工业机器人的臂部传动多采用谐波减速器，腕部则采用 RV 减速器。（　　　）

5. 机器人控制器是人与机器人的交互接口。（　　　）

6. 按应用领域可将工业机器人划分为焊接机器人、搬运机器人、装配机器人、码垛机器人和涂装机器人等。（　　　）

7. 当操作机器人控制器操作面板或示教盒时，工作人员可以穿戴手套操作。（　　　）

8. 机器人内部传感器主要用于感知外部环境状态。（　　　）

第 2 章

小试牛刀，机器人简单任务编程

工业机器人能搬运材料、工件或操持工具完成多样化作业任务，且工作中可以不依赖人的干预，具有独立性。然而，因人工智能技术与机器人技术深度融合尚欠火候，囿于生产现场的复杂性和作业的可靠性，绝大部分工业机器人只能重复性地执行"学会"的动作，需要现场工程师的"调教"，此过程即为工业机器人任务编程。

本章通过介绍工业机器人系统运动轴和简单搬运任务编程两方面内容，助力学生全面认识机器人系统运动轴构成，熟悉机器人点动坐标系，了解机器人示教盒功能实现，明晰机器人任务编程内容、方法和流程，掌握机器人搬运任务编程要领，为后续机器人码垛、焊接等复杂任务编程筑基。

 ## 学习目标

素养提升
① 认同工业机器人在阳宝山特大桥、金沙江大桥等桥梁工程中的重大作用，领悟工业机器人自动化搬运带来的技术革新和高效运转，培养学生尊重事实、独立思考的科学精神，增强国家认同、文化自信和社会责任感。
② 面对工业机器人在复杂工程中的坐标系设定困境，鼓励学生遵守技术规范，建立职业操守，培养勇于创新、善于交流的团队协作能力和创新思维，提升解决复杂工程问题的实践能力。

知识学习
① 能够辨识机器人系统运动轴类别，阐明关节和世界坐标系中机器人的运动规律。
② 能够识别机器人示教盒按键功能，点动机器人运动。
③ 能够归纳机器人编程的主要内容和基本流程，规划机器人运动路径。

技能训练
① 能够选择合适的机器人点动坐标系和运动轴，并以恰当的方式点动机器人。
② 能够遵循安全操作规程，使用示教盒实时查看和精确调整机器人位姿。
③ 能够创建机器人任务程序，完成机器人搬运作业的示教编程。

学习导图

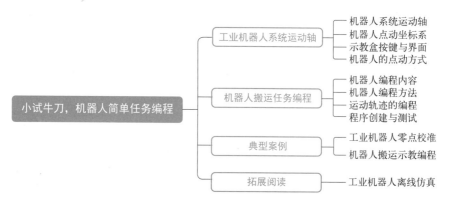

小试牛刀，机器人简单任务编程
- 工业机器人系统运动轴
  - 机器人系统运动轴
  - 机器人点动坐标系
  - 示教盒按键与界面
  - 机器人的点动方式
- 机器人搬运任务编程
  - 机器人编程内容
  - 机器人编程方法
  - 运动轨迹的编程
  - 程序创建与测试
- 典型案例
  - 工业机器人零点校准
  - 机器人搬运示教编程
- 拓展阅读
  - 工业机器人离线仿真

国之重器

搬运机器人：大国建造之中国桥梁工程的"奉献者"

"要想富，先修路"。桥梁建设能够助力实现便捷的交通运输、区域经济的迅速发展以及保障国防安全等。但桥梁工程往往面临复杂地形、海水腐蚀、高度限定等重重困难，这对其技术革新和自动化装备提出了新的要求。在这个背景下，工业机器人凭借高精度、高效率、高安全性的优势，逐渐成为桥梁工程中不可或缺的一部分。

阳宝山特大桥位于贵州省黔南布依族苗族自治州贵定县新巴镇和德新镇。大桥全长1112米，主跨650米，为单跨钢桁梁悬索桥，是贵黄高速公路控制性工程。阳宝山特大桥在施工过程中，利用工业机器人设定坐标系进行高精度和高效率的钢梁吊装作业。具体来说，通过集中控制系统操控的工业机器人，可以实现多台卷扬机的一键联动，提升运行效率及操作卷扬机的同步性。在吊装过程中，工业机器人可以实时监控施工过程，保证加劲主梁吊装的安全性和安装精度。

同时，阳宝山特大桥的主缆施工采用了空中纺丝法（AS法），是国内悬索桥对该方法的首次应用。该方法通过将自主研发的集放丝系统和牵引系统集于一体的AS法施工集中控制系统，实现自动化、智能化控制，保证施工安全，避免了传统人工操作可能带来的安全风险和质量问题，提高了工效。

金安金沙江大桥，是中国云南省丽江市连接永胜县与古城区的过江通道，位于金沙江水道之上，是成都至丽江高速公路与华坪至丽江段的控制性工程。金沙江大桥是世界最大跨径山区悬索桥，它横跨金沙江，犹如一道靓丽飞虹架在高山峡谷和绿水白云间，显得更加雄伟壮观，分外夺目。在金安金沙江大桥建设过程中，工业机器人发挥了重要作用。在焊接作业中，为了避免传统焊接方法容易出现的开裂问题，工程师采用了焊接机器人，这些机器人利用激光技术进行双面熔透焊接，不仅提高了焊接质量，还增强了金沙江大桥的抗震能力。此外，在检测与测量、辅助桥梁吊装、自动定位和调整位姿等环节利用自动化施工装备进行桥梁的吊装、焊接、喷涂等作业，既提高效率和精度，又降低工人的劳动强度。

在中国桥梁工程中，工业机器人被广泛应用于钢梁拼装、钢筋加工、混凝土浇筑等环节，同时，工业机器人在预制桥梁段的搬运、吊装以及桥梁检测、大型设备的装配与搬运或在高温、低温、辐射及高空等危险环境中进行无人搬运等多个领域都有应用。通过自动化、智能化的操作，工业机器人能够大幅度提高施工效率，缩短工程周期，降低人工成本和安全风险。同时，工业机器人还能够实现精细化施工，提高工程质量，为中国桥梁工程的发展提供强有力的技术支持。

随着中国制造业的转型升级，工业机器人也在推动桥梁工程产业的升级和变革。通过引进和自主研发先进的工业机器人技术，中国桥梁工程企业逐步实现数字化、智能化、绿色化生产，并推动产业向高端化、精细化方向发展。工业机器人在搬运大型设备方面具有显著的优势和潜力，未来随着技术的不断进步和应用场景的不断拓展，它们将在更多领域得到应用和发展，为中国经济的持续发展作出更大的贡献。

总之，工业机器人在桥梁建设中既帮助解决桥梁建设中的人员问题，又提升了物资搬运的运输效率。工业机器人的"默默奉献"，对做好基层建设、供给基础物资、筑牢安全防线具有重大意义。阳宝山特大桥、金安金沙江大桥等中国桥堪称世界的奇迹，是中国建设、大国建造的又一勋章，是一代又一代的工程师的智慧结晶，是技术更迭产业更新的具象体现，我们有能力、有信心成为"制造强国"，为产业发展奉献力量。

参考资料——《超级工程·极限挑战》

2.1　工业机器人系统运动轴

 知识讲解

2.1.1　机器人系统运动轴

按照运动轴的所属系统关系的不同，可将工业机器人系统的运动轴划分为两类：一是本体轴，主要指构成机器人本体（操作机）的各关节运动轴，属于工业机器人；二是附加轴，除机器人本体轴以外的运动轴，包括移动或转动机器人本体的基座轴（如线性滑轨，属于工业机器人）、移动或转动工件的工装轴（如焊接变位机，属于周边辅助设备）等，如图 2-1 所示。其中，本体轴和基座轴主要是实现机器人末端执行器或工具中心点（TCP）的空间定位与定向，而工装轴主要是支承工件并确定其空间定位。

（1）本体轴　第一代商用工业机器人（计算智能机器人）基本采用六轴垂直关节型机器人本体。顾名思义，此类机器人本体具有六根独立活动的关节轴，其中靠近机座的三根关节轴被定义为主关节轴，可模仿人体手臂的回转、俯仰和伸缩动作，用于末端执行器的空间定位。其余三根关节轴被定义为副关节轴，可模仿人体手腕的转动、摆动和回转动作，用于末端执行器的空间定向。表 2-1 是世界著名工业机器人制造商对其所研制生产的六轴垂直关节型机器人本体轴的命名。

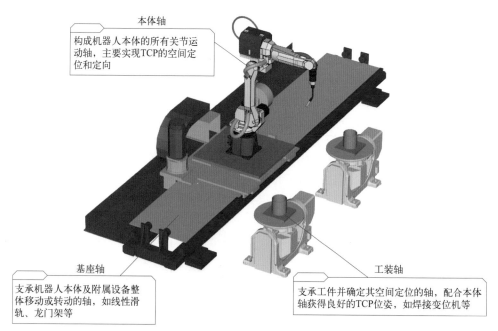

本体轴
构成机器人本体的所有关节运动轴，主要实现TCP的空间定位和定向

基座轴
支承机器人本体及附属设备整体移动或转动的轴，如线性滑轨、龙门架等

工装轴
支承工件并确定其空间定位的轴，配合本体轴获得良好的TCP位姿，如焊接变位机等

图 2-1　工业机器人系统运动轴的构成

表 **2-1**　六轴垂直关节型机器人本体轴的命名

序号	制造商	机器人品牌	本体示例	运动轴名称	
1	Media	KUKA		⑥——A6 轴	副关节轴
				⑤——A5 轴	
				④——A4 轴	
				③——A3 轴	主关节轴
				②——A2 轴	
				①——A1 轴	
2	ABB	ABB		⑥——轴 6	副关节轴
				⑤——轴 5	
				④——轴 4	
				③——轴 3	主关节轴
				②——轴 2	
				①——轴 1	

续表

序号	制造商	机器人品牌	本体示例	运动轴名称	
3	YASKAWA	MOTOMAN		⑥——T 轴	副关节轴
				⑤——B 轴	
				④——R 轴	
				③——U 轴	主关节轴
				②——L 轴	
				①——S 轴	
4	FANUC	FANUC		⑥——J6 轴	副关节轴
				⑤——J5 轴	
				④——J4 轴	
				③——J3 轴	主关节轴
				②——J2 轴	
				①——J1 轴	

　　第二代商业工业机器人（感知智能机器人）大多采用七轴垂直关节型机器人本体，如图 2-2 所示。与第一代机器人相比较，第二代机器人多出一根肘关节轴，可以模拟人体手臂的扭转动作。为兼顾产品谱系和用户习惯，日本 YASKAWA 公司将其生产的 MOTOMAN 机器人本体主关节轴依次命名为 S 轴、L 轴、E 轴、U 轴，副关节轴的命名延续第一代命名；ABB、FANUC 等公司将其机器人本体轴按照主、副关节轴顺序依次命名。

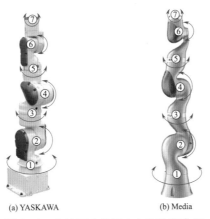

(a) YASKAWA　　　　(b) Media

图 2-2　七轴工业机器人本体轴的命名

1—S / A1 轴；2—L / A2 轴；3—E / A3 轴；4—U / A4 轴；5—R / A5 轴；6—B / A6 轴；7—T / A7 轴

（2）附加轴　面对越来越多的复杂曲面零件、异形件以及（超）大型结构件的自动化作业需求，仅靠机器人本体的自由度和工作空间，根本无法保证机器人动作的灵活性和工具的可达性。针对此类应用场景，宜采取添加基座轴、工装轴等附加轴来提高系统集成应用的灵活性和费效比。其中，基座轴的集成是将机器人本体以落地、倒挂和侧挂等形式安装在某一移动平台上，形成混联式可移动机器人，通过移动平台的移动轴（P）和/或转动轴（R）模仿人体腿部的移动功能，大大拓展工业机器人的工作空间和动作的灵活性，获得较高的作业可达率，如图 2-3 所示。工装轴的集成主要指的是（焊接）变位机，包括单轴、双轴、三轴及复合型变位机等，如图 2-4 所示。它能将工件（或作业对象）移动、转动至合适的位置，辅助机器人在执行任务过程中保持良好的工艺姿态，确保产品质量的稳定性和一致性。

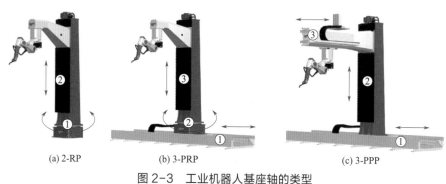

|(a) 2-RP|(b) 3-PRP|(c) 3-PPP|

图 2-3　工业机器人基座轴的类型

1—E1 轴；2—E2 轴；3—E3 轴

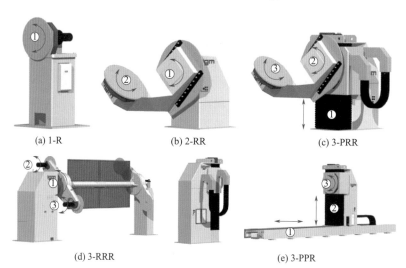

(a) 1-R　　　　　(b) 2-RR　　　　　(c) 3-PRR

(d) 3-RRR　　　　　(e) 3-PPR

图 2-4　工业机器人工装轴的类型

1—E1 轴；2—E2 轴；3—E3 轴

无论基座轴还是工装轴，其命名的原则基本遵循空间上由低往高依次为 E1 轴、E2 轴、E3 轴……当上述附加轴由机器人控制器直接控制时，称为内部轴，可以通过示教盒分组控制和查看附加轴的位置状态，实现机器人本体轴和附加轴的协调（同）运动。除此之外，附加轴的运动控制由外部控制器（如 PLC）实现，此时称为外部轴，无法直接通过机器人示教盒控制和查看附加轴的位置状态。

点拨　　　当基座轴和工装轴以内部轴方式集成时，除物理设备外，还须安装配套的软件包，如 FANUC 机器人用于实现基座轴联动功能的 Extended Axis Control（J518）和工装轴联动功能的 Multi-Group Motion（J601）、Coordinated Motion Package（J686）等。

2.1.2　机器人点动坐标系

坐标系是为确定工业机器人的位姿而在机器人本体或空间上进行定义的位置指标系统。它从一个称为原点的固定点 O 通过轴定义平面或空间，机器人位姿通过沿坐标系轴的测量而定位和定向。

（1）坐标系概述　正如本书第 1 章中所述，在机器人示教过程中，机器人控制器通过运动学正解求取工具坐标系和（参考）机座坐标系间的数学关系。机器人再现时，通过运动学逆解求取工具坐标系和（参考）机座坐标系间关节各坐标值的数学关系。可见，机器人运动学计算过程实质完成的是物理关节空间和数字笛卡儿（直角）空间的映射。机器人在物理关节空间中的运动描述是以各关节轴的零点为基准，测量单位为度（°）；在笛卡儿（直角）空间中的运动描述为工具中心点（TCP，或工具坐标系）相对机座坐标系（或工件坐标系，由机座坐标系变换而来）的空间位置和指向，测量单位为毫米（空间位置，如 FANUC 的 X、Y、Z）和度（空间姿态，如 FANUC 的 W、P、R）。目前，第一代和第二代工业机器人系统基本都配置有关节、世界等机器人点动坐标系。除关节坐标系外，其他坐标系均归属于直角坐标系，其主要差别是原点位置和坐标轴方向略有差异，如图 2-5 所示。各机器人点动坐标系有其自身的特点及适用的特定场合，见表 2-2。

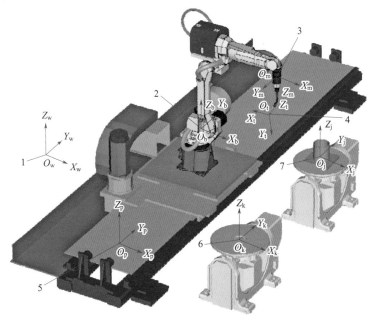

图 2-5　工业机器人点动坐标系示意

1—世界坐标系（$O_wX_wY_wZ_w$）；2—机座坐标系（$O_bX_bY_bZ_b$）；3—机械接口坐标系（$O_mX_mY_mZ_m$）；4—工具坐标系（$O_tX_tY_tZ_t$）；5—移动平台坐标系（$O_pX_pY_pZ_p$）；6—工作台坐标系（$O_kX_kY_kZ_k$）；7—工件坐标系（$O_jX_jY_jZ_j$）

表 2-2　常见的工业机器人点动坐标系

序号	坐标系名称	坐标系描述
1	世界坐标系 $O_w X_w Y_w Z_w$	俗称绝对坐标系、大地坐标系，它是与机器人的运动无关，以地球为参照系的固定坐标系。世界坐标系的原点 O_w 由用户根据需要确定。$+Z_w$ 轴与重力加速度矢量共线，但其方向相反。$+X_w$ 轴由用户根据需要确定，一般与机座尾部电缆进入方向平行。$+Y_w$ 轴按右手定则确定
2	机座坐标系 $O_b X_b Y_b Z_b$	俗称基坐标系，它是参照机座安装面所定义的坐标系。机座坐标系的原点 O_b 由机器人制造商规定，一般将机器人本体第 1 根轴的轴线与机座安装面的交点定义为原点。$+Z_b$ 轴的方向垂直于机器人安装面，指向其机械结构方向。$+X_b$ 轴的方向由原点开始指向机器人工作空间中心点在机座安装面上的投影，通常为机座尾部电缆进入方向。$+Y_b$ 轴的方向按右手定则确定
3	机械接口坐标系 $O_m X_m Y_m Z_m$	参照机器人本体末端机械接口的坐标系。机械接口坐标系的原点 O_m 是机械接口（法兰）的中心。$+Z_m$ 轴的方向垂直离开机械接口中心，即垂直法兰向外。$+X_m$ 轴的方向由机械接口平面和 $Y_b Z_b$ 平面（或平行于 $X_b Y_b$ 平面）的交线来定义，并且 $+X_m$ 平行于 $+Z_b$ 轴（$+X_b$ 轴），同时机器人的主、副关节轴处于运动范围的中间位置，即由法兰中心指向法兰定位孔方向。$+Y_m$ 轴的方向按右手定则确定
4	工具坐标系 $O_t X_t Y_t Z_t$	参照安装在机械接口的末端执行器的坐标系，相对于机械接口坐标系而定义。工具坐标系的原点 O_t 是工具中心点（TCP）。$+Z_t$ 轴的方向与工具相关，通常是工具的指向。用户设置前，工具坐标系与机械接口坐标系的原点和坐标轴方向重合
5	移动平台坐标系 $O_p X_p Y_p Z_p$	移动平台坐标系的原点 O_p 就是移动平台的原点。$+X_p$ 轴的方向通常指的是移动平台的前进方向。$+Z_p$ 轴的方向通常指的是移动平台向上的方向。$+Y_p$ 轴的方向按右手定则确定
6	工作台坐标系 $O_k X_k Y_k Z_k$	参照工作台定义的坐标系，相对于机座坐标系而定义。工作台坐标系的原点 O_k 通常选择在工作台的某一角，如左上角。$+Z_k$ 轴的方向垂直离开工作台面，即垂直工作台面向外。$+Y_k$ 轴的方向一般沿着工作台面的长度或宽度方向，与 $+Y_b$ 轴的指向相同。$+X_k$ 轴的方向按右手定则确定。用户设置前，工作台坐标系与机座坐标系的原点和坐标轴方向完全重合
7	工件坐标系 $O_j X_j Y_j Z_j$	俗称用户坐标系，参照某一工件定义的坐标系，相对于机座坐标系而定义。用户设置前，工件坐标系与机座坐标系的原点和坐标轴方向完全重合

（2）关节坐标系　关节坐标系（joint coordinate system）是固接在机器人系统各关节轴线上的一维空间坐标系。它犹如一个空间自由刚体，沿 X、Y、Z 轴方向的线性移动和绕 X、Y、Z 轴的转动受到五个刚性约束，仅保留沿某一轴方向的移动（移动关节轴）或绕某一轴的转动（旋转关节轴）。对于关节型机器人而言，它拥有与机器人系统运动轴数相等的关节坐标系，且每个关节坐标系通常是相对前一关节坐标系而定义。在关节坐标系中，工业机器人系统各运动轴均可实现单轴正向和反向转动（或移动）。虽然各品牌机器人本体运动轴的命名有所不同，但它们的关节运动规律相同，见表 2-3。关节坐标系适用于点动工业机器人较大范围运动或变更系统某一运动轴位置（如奇异点解除时调整腕部轴），且运动过程中不需要约束机器人工具姿态的场合。

表 2-3　机器人本体轴在关节坐标系中的运动特点（以 **FANUC** 机器人为例）

运动类型	轴名称	动作示例	运动类型	轴名称	动作示例
	手臂回转	J1 轴		手臂伸缩	J2 轴
转动	手臂俯仰	J3 轴	转动	手腕弯曲	J5 轴
	手腕扭转	J4 轴		手腕回转	J6 轴

点拨　　工业机器人系统基座轴和工装轴等附加轴的点动控制只能在关节坐标系中进行。目前主流的工业机器人控制器可以实现几十根运动轴的分组控制，一般每组最多控制九根运动轴。当需要点动附加轴时，首先切换至外部附加轴所在的组。

（**3**）**世界坐标系**　世界坐标系（world coordinate system）是与机器人运动无关、参照大地的不变坐标系，也称绝对坐标系、大地坐标系。世界坐标系的原点（O_w）由机器人现场工程师根据需要确定。Z 轴正方向（$+Z_w$ 轴）是与重力加速度矢量共线，但方向相反。X 轴正方向（$+X_w$ 轴）一般与机器人机座尾部电缆进入方向平行。Y 轴正方向（$+Y_w$ 轴）按右手定则确定。与关节坐标系中的运动截然不同的是，无论是沿世界坐标系的任一轴移动，还是绕任一轴转动，工业机器人本体轴在世界坐标系中的运动基本为多轴联动，且运动控制的焦点从各运动轴零点转向工具中心点（TCP），见表 2-4。世界坐标系适用于点动工业机器人在笛卡儿空间移动且机器人工具姿态保持不变，以及绕工件中心点（TCP）定点转动的场合。

表 2-4　机器人本体轴在世界坐标系中的运动特点（以 FANUC 机器人为例）

运动类型	轴名称	动作示例	运动类型	轴名称	动作示例
移动	沿 X 轴移动 / X 轴		转动	绕 X 轴转动 / W 轴	
	沿 Y 轴移动 / Y 轴			绕 Y 轴转动 / P 轴	
	沿 Z 轴移动 / Z 轴			绕 Z 轴转动 / R 轴	

2.1.3　示教盒按键与界面

认知机器人系统运动轴及其在点动坐标系中的运动特点，即"动什么"之后，接下来需要解决"如何动"问题，这离不开多功能智能人机交互终端——示教盒。作为机器人调试、编程、监控和仿真等功能交互的装置，示教盒主要由（物理）按键、显示屏以及外设接口等组成。

（1）**按键布局**　与欧系的触屏操作为主设计理念不同，为延续已有广大数控系统用户的操作习惯，日系机器人示教盒操作仍以按键为主。例如 FANUC R-30iB 及其 plus 系列控制器配置的 iPendant 示教盒，其上正、反两面共布置有七十二个物理键控开关、两个 LED 指示灯和一个液晶显示屏（分辨率 1024px×768px），如图 2-6 所示。按功能划分，可将机器人示教盒上的物理按键分为安全、菜单、点动、编辑、测试、应用和状态等七类功能键，各按键名称和功能请扫描目录页二维码查阅。

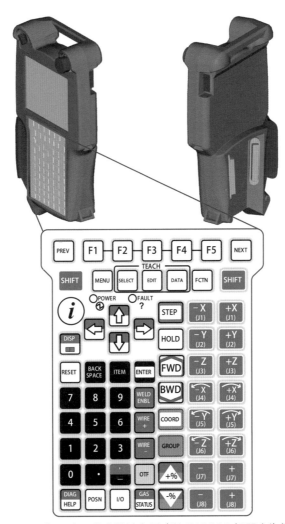

图 2-6　机器人示教盒按键布局（以 FANUC 机器人为例）

（2）**界面窗口**　除物理键控开关操作外，机器人示教盒具有的点动、调试、监控等功能还可以通过（弹出）菜单、界面及软键控开关等方式实现。

① 界面显示　机器人示教盒的整个液晶界面自上而下通常可以分为四个显示区：状态栏、标题栏、主窗口区和功能菜单（图标）栏，如图 2-7 所示。其中，界面顶部的状态栏从左至右又划分成系统状态指示灯、文本信息和速度倍率三个区域。八个系统状态指示

灯"点亮"时显示为红、黄、绿三色，其表达的含义请扫描目录页二维码查阅。界面底部的功能菜单（图标）栏从左至右又划分成七个图标区，分别对应【返回键】【功能菜单】和【翻页键】。值得关注的是，当界面主窗口区的显示内容变化时，功能菜单（图标）栏的显示随之改变。

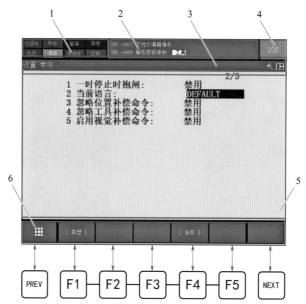

图 2-7　机器人示教盒的显示界面（以 FANUC 机器人为例）
1—状态栏（指示灯）；2—状态栏（文本信息）；3—标题栏；4—状态栏（速度倍率）；
5—主窗口区；6—功能菜单（图标）栏

当进行机器人功能测试、程序验证等较复杂操作时，需要及时查阅系统 I/O 状态，此时可以通过【上挡键】+【分屏键】组合键，分割示教盒液晶界面，然后单独点按【分屏键】在多界面之间切换，如图 2-8 所示。

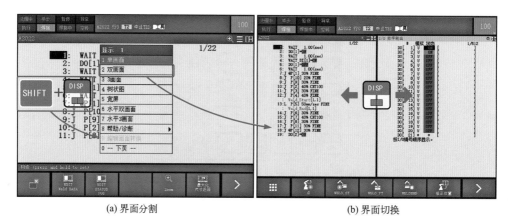

(a) 界面分割　　　　　　　　　　(b) 界面切换

图 2-8　机器人示教盒的界面分割与切换

② 菜单选择　机器人示教盒的菜单可以分成四类：主菜单、辅助菜单、功能菜单和弹出菜单，如图 2-9 所示。其中，主菜单的显示 / 消失是通过点按【主菜单】，包括实用

工具、试运行、报警、设置、文件、I/O、状态、系统等选项。辅助菜单的显示／消失是通过点按【辅助菜单】，包括中止程序、禁止前进后退、切换运动组、解除等待、保存、打印界面、重新启动等选项。功能菜单视界面主窗口区的显示内容而定，一般位于示教盒界面底部（图 2-7）。弹出菜单由若干功能组合键触发，如【上档键】+【坐标系键】一并按下时，在示教盒液晶界面的右上角弹出坐标系菜单。

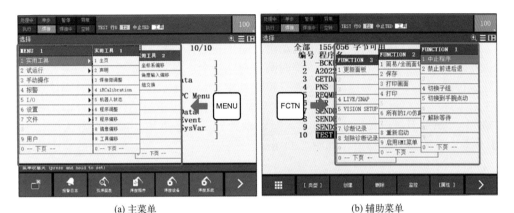

(a) 主菜单　　　　　　　　　　　　　　　　　(b) 辅助菜单

图 2-9　机器人示教盒的弹出菜单

③ 数值和字符串输入　在机器人任务程序创建和编辑过程中，经常需要变更指令参数，即交互输入数字和字符串等。不妨以程序编辑界面为例，当将光标（黑色高亮显示）移至指令（数字）要素上时，主窗口区底部显示"输入数值"，此时点按示教盒上的【数字键】完成数值输入并点按【回车键】即可［图 2-10（a）］。当将光标（黑色高亮显示）移至指令（字符串）要素上时，主窗口区底部显示"输入数值或点按【回车键】"，此时点按示教盒上的【回车键】，弹出字符输入菜单［图 2-10（b）］，选择合适的模式，通过软键盘或【功能菜单】选择相应字符完成输入即可。

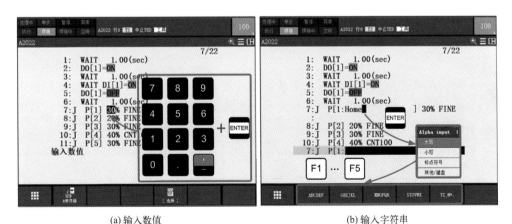

(a) 输入数值　　　　　　　　　　　　　　　　(b) 输入字符串

图 2-10　机器人示教盒的交互输入

2.1.4　机器人的点动方式

在手动模式（T1 模式和 T2 模式）下，机器人现场工程师需要经常手动控制机器人以时断时续的方式运动，即"点动"工业机器人。"点"指的是点按【运动键】，"动"的意思是机器人运动，点动就是"一点一动，不点不动"，意在强调现场工程师手动控制机器人系统运动轴或工具中心点的运动（方向和速度）。一般来讲，点动工业机器人有增量点动和连续点动两种操控方式。

（1）**增量点动机器人** 机器人现场工程师每点按【运动键】（选中某一运动轴）一次，机器人系统被选中的运动轴（或工具中心点）将以设定好的速度转动固定的角度（步进角）或步进一小段距离（步进位移量）。到达位置后，机器人系统运动轴停止运动。当机器人现场工程师松开并再次点按【运动键】时，机器人将以同样的方式重复运动。增量点动机器人适用于手动操作和任务编程时离目标（指令）位姿较近的场合，主要是对机器人末端执行器（或工件）的空间位姿进行精细调整。例如 FANUC 机器人的增量点动是在微低速率（5% 以内）状态下，通过间断性点按【上档键】+【运动键】组合键来操控机器人运动，【运动键】每点按一次，机器人运动轴微转一个步进角，或者机器人工具中心点（TCP）微动一段步进位移量，如图 2-11 所示。

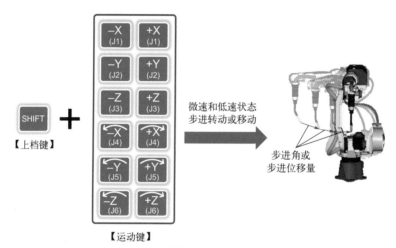

图 2-11　增量点动工业机器人

点拨　　　在微速和低速状态下，即使机器人现场工程师持续点按【运动键】操控机器人运动，机器人运动轴仅前进一个步进角，或工具中心点（TCP）仅前进一段步进位移量。

（2）**连续点动机器人** 机器人现场工程师持续按住【运动键】（选中某一运动轴），机器人系统被选中的运动轴（或工具中心点）将以设定好的速度连续转动或移动。一旦机器人现场工程师松开按键，机器人立即停止运动。连续点动机器人适用于手动操作和任务编程时离目标（指令）位姿较远的场合，主要是对机器人末端执行器（或工件）的空间位姿进行快速粗调整。例如 FANUC 机器人的连续点动是在中高速率（5% → 50% → 100%）状态下，持续按住【上档键】+【运动键】组合键操控机器人运动，机器人运动轴转动一定的角度，或者机器人工具中心点（TCP）移动一段距离，如图 2-12 所示。

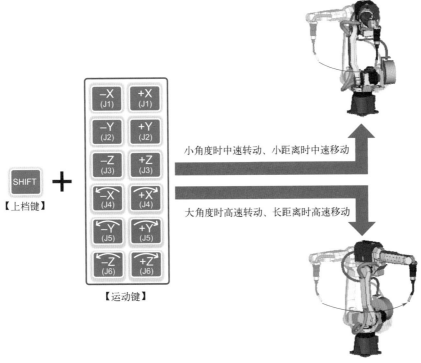

图 2-12　连续点动工业机器人

　　无论是增量点动机器人还是连续点动机器人，均应遵循手动操控机器人的基本流程，如图 2-13 所示。不同品牌的工业机器人在示教盒功能启用、点动坐标系切换、运动轴选择及其伺服电源接通等方面存在差异性，请扫描目录页二维码查阅。

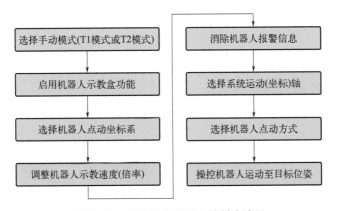

图 2-13　点动工业机器人的基本流程

 **典型案例**

工业机器人零点校准

　　在运动过程中，机器人控制系统必须"知晓"各关节轴的当前位置，并与控制器存储卡中记录的已知机械参考点的编码器读数（零点数据）比较，以使机器人能够携带末端执行器准确按规划指令位姿运动。这一通过将机器人本体的机械信息与位置信息同步来定义其物理位置过程，称为工业机器人零点校准。零点校准在每次控制器开启时自动进行，机器人出厂前，制造商通常已进行过零点校准。但是，当更换控制器主板或伺服电动机编码器的备份电池，以及进行机械拆卸维修等情况发生时，机器人的零点数据将会丢失，此时应重新校准机器人零点。

以 FANUC LR Mate 200iD 机器人本体主关节轴 J1 的零点丢失为例，如图 2-14 所示。该轴的机械参考点已发生偏离，如何点动机器人 J1 轴至 0° 位置（零点标记对齐的位置）？尝试在关节坐标系中增量点动机器人完成零点标记对齐，深化对机器人系统"何时以何种方式动何关节运动轴"的理解，为后续机器人任务编程夯实基础。

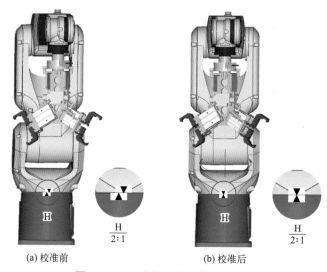

(a) 校准前　　　　　　　　　　(b) 校准后

图 2-14　工业机器人本体零点校准

策略分析：一旦机器人关节运动轴的零点数据丢失，机器人唯一能做的运动就是单轴正向和反向转动（或移动）。遵循图 2-13 所示的手动操控机器人的基本流程，选择 T1 模式→启动示教盒功能→选择关节坐标系→调整机器人速度倍率（低速）→消除报警信息→点动机器人 J1 轴，直至零点标记对齐。

场景延伸

诸如机器人焊接、切割、磨削和涂装等制造工序的工艺过程稳定性将直接影响到产品的加工质量，一方面单纯依赖机器人本体无法保持末端执行器的良好姿态，另一方面稍微复杂零部件的成型加工往往需要变位来满足机器人动作的可达性，此时系统集成商在为客户设计机器人系统集成方案时，通常会考虑使用附加基座轴和 / 或工装轴。以 8 轴 FANUC ARC Mate 100iC 机器人焊接系统（6 根本体轴 +2 根工装轴）为例，如图 2-15 所示。该套系统主要完成小型主管道和 4 个马鞍形法兰接头的焊接任务，如何手动调整机器人工装轴 E1 和 E2，将工件变换至合适的待焊位置？

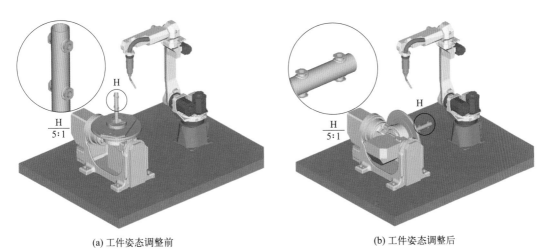

(a) 工件姿态调整前　　　　　　　　　　　　　(b) 工件姿态调整后

图2-15　工业机器人系统工装轴控制

2.2　机器人搬运任务编程

 **知识讲解**

2.2.1　机器人编程内容

　　基于机器人的示教-再现工作原理，实施"机器代人""机器换人"计划，需事先"调教"机器人。换而言之，工业机器人任务编程的主要内容，包括运动轨迹、工艺条件和动作次序，如图2-16所示。

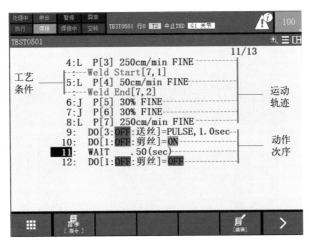

图2-16　工业机器人的任务程序界面

　　（1）运动轨迹　运动轨迹是为完成规定的作业任务，机器人工具中心点（TCP）在给定的时间或速度条件下所掠过的路径。从控制方式看，工业机器人具有点到点（PTP）运动和连续路径（CP）运动两种形式，分别适用于非作业区间和作业区间。按运动路径区分，工业机器人具有直线、圆弧、直线摆动和圆弧摆动等典型动作类型，其他复杂的运动轨迹可由上述动作组合而成。针对规则的机器人运动轨迹，原则上仅需示教几个关键位置的点位信息。例如直线焊缝轨迹一般示教两个指令位姿（直线轨迹起点和终点），弧形焊缝轨迹通常示教三个指令位姿（圆弧轨迹起点、中间点和终点）。各指令位姿之间的连续路径运动则由机器人控制系统的路径规划模块通过插补运算生成。

（2）**工艺条件** 工艺条件是"机器人+"应用的核心所在，直接关乎企业"机器代人""机器换人"投资达成率。伴随应用领域的持续延伸，机器人作业任务涉及电、光、气等多元介质，工艺参数较多。例如：焊接机器人的参数调整涉及焊接电流（或送丝速度）、电弧电压、焊接速度、保护气体流量等；码垛机器人的参数调整包括货垛垛形、货垛位置、码垛路径等。概括起来，机器人作业工艺条件的设置主要有如下三种方法：一是直接输入，在工艺指令中直接给定工艺参数；二是间接调用，通过工艺指令调用数据库表格或文件；三是手动设置，如机器人弧焊作业时焊丝干伸长度和保护气体流量大小。

（3）**动作次序** 动作次序是机器人系统内部各组成部分之间，以及多个机器人系统之间以何时、何种方式产生协同（或协调）运动的集中体现。动作次序规划的合理与否，将影响机器人效能发挥。在搬运、码垛等一些简单的作业任务场合，机器人运动轨迹与动作次序规划合二为一。需要指出的是，机器人与工艺设备、周边装置、外部辅助轴等的动作协调或协同，应以保证作业质量、减少停机时间、确保生产安全为基本准则，可以通过调用信号处理和流程控制等次序（逻辑）指令实现。

2.2.2 机器人编程方法

面对当下大规模、多品种、小批量柔性制造诉求，繁杂的工业机器人任务编程对于多数企业员工而言，显得技术门槛过高，严重制约工业机器人投产效率和作业任务更迭。目前常用的工业机器人任务编程方法有两种，示教编程（teach programming）和离线编程（off-line programming），如图 2-17 所示。

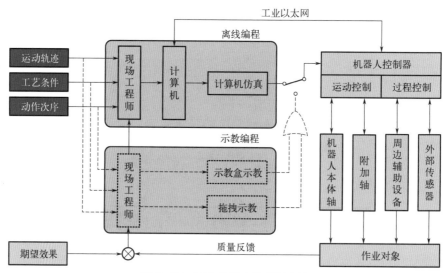

图 2-17 工业机器人的编程方法

（1）**示教编程**　现场工程师直接手动拖拽机器人末端执行器，或通过示教盒点动机器人逐步通过指定位姿，并用机器人文本或图形语言（如 FANUC 机器人的 KAREL 语言、ABB 机器人的 RAPID 语言等）记录上述目标位姿、工艺条件和动作次序，如图 2-18 所示。因编制的程序指令语句具有直观方便、不需要建立系统三维模型、对实体机器人进行示教可以修正机械结构误差等优点，示教编程受到机器人使用者的青睐。机器人现场工程师经过专业的培训后，易于掌握此方法。但是，采用示教编程通常是在机器人现场进行的，存在编程过程繁琐、效率低、易发生事故，且轨迹精度完全依靠机器人现场工程师的目测决定等弊端。

(a) 示教盒编程　　　　　　　　　　　　　　(b) 拖拽编程

图 2-18　工业机器人的示教编程

（2）**离线编程**　在与机器人分离的专业软件环境下，建立机器人及其工作环境的几何模型，采用专用或通用程序语言，以离线方式进行机器人运动轨迹的规划编程，如图 2-19 所示。离线编制的程序通过支持软件的解释或编译产生目标程序代码，最后生成机器人轨迹规划数据。与示教编程相比，离线编程具有减少机器人不工作时间，使机器人现场工程师远离可能存在危险的编程环境，便于与 CAD/CAM 系统结合，能够实现复杂轨迹编程等优点。当然，离线编程也有一些缺点，例如：离线编程需要机器人现场工程师掌握相关知识；离线编程软件（如 FANUC 公司开发的 Roboguide、ABB 公司开发的 RobotStudio、Panasonic 公司开发的 DTPS 等）也需要一定的投入；对于简单轨迹编程而言，离线编程没有示教编程的效率高；离线编程无法展现工艺条件变更带来的作业过程和质量变化；离线编程可能存在的模型误差、工件装配误差和机器人定位误差等都会对其精度有一定的影响。

值得一提的是，近年来为有效解决大型钢结构机器人作业编程效率低下的难题，以箱体格挡等典型钢结构为切入点，机器人系统集成商和终端客户联合开发出机器人快速参数化编程技术。通过手动输入钢结构的几何特征参数，快速生成构件三维数模，然后将其导入离线编程软件，依次完成机器人路径规划、轨迹生成和干涉校验等工作，并将优化后的任务程序下载至机器人控制器，实现机器人自动化作业，如图 2-20 所示。

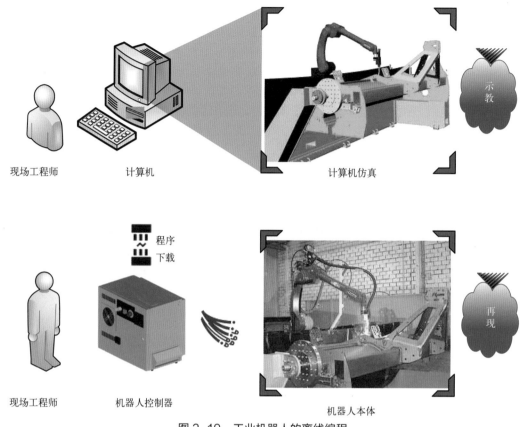

现场工程师　　　计算机　　　　　　　　　　计算机仿真

程序
下载

现场工程师　　　机器人控制器　　　　　机器人本体

图 2-19　工业机器人的离线编程

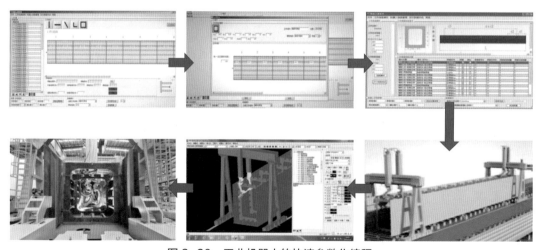

图 2-20　工业机器人的快速参数化编程

　　图 2-21 是机器人任务编程的基本流程。显然，无论运动轨迹、工艺条件和动作次序的示教编程，还是其离线编程，都离不开机器人"示教""再现"两大环节。其中，机器人示教包括示教前的准备、任务程序的创建、编辑和手动测试等环节，机器人再现则是通过本地或远程方式自动运转优化后的任务程序。

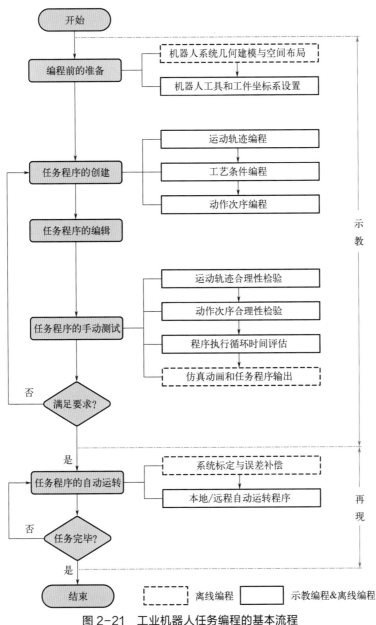

图 2-21　工业机器人任务编程的基本流程

2.2.3　运动轨迹的编程

　　熟知工业机器人任务编程的核心内容和方法流程后，针对具体任务应首先进行机器人运动轨迹编程，关键在运动规划，包括路径规划、末端执行器姿态调整和运动指令调用三方面。

　　（1）路径规划　连接起点位置和终点位置的序列点或曲线称为路径（path），而构成路径的策略称为路径规划（path planning）。机器人路径规划是让机器人携带末端执行器在工作空间内找到一条从起点到终点的无碰撞安全路径。当然，为降低机器人编程难度且利于高效创建机器人任务程序，通常将机器人运动路径离散成若干个关键指令位姿（停止点和路径点❶），并在任务编程前预定义，如原点、过渡点、参考点、作业点等。原点（HOME）是所有作业的基准位置，它是机器人远离作业对象和周边设备的可动区域的安全位置，主要指作业起点和终点。过渡点是为避让作业对象和周边设备，以及保持良好的机器人运动姿态而自定义的安全位置。参考点是临近作业区间、调整工具姿态的安全位置，通常指作业临近点和回退点。作业点是机器人携带末端执行器保持姿态，并与作业对象产生接触或非接触的实际作业区间，包括抓取点/释放点、引弧点/熄弧点等。如图2-22所示，整条机器人搬运路径预定义一个原点（位置点1和位置点8重合）、两个参考点（位置点2和位置点4重合，位置点5和位置点7重合）、两个作业点（抓取点3和释放点6）。

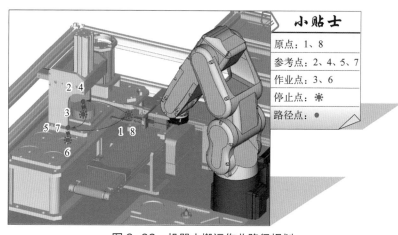

图2-22　机器人搬运作业路径规划

（2）末端执行器姿态　机器人路径规划意在找出机器人完成作业任务所经过的一系列路径点和停止点。上述目标指令位姿除定义机器人末端执行器或工具中心点（TCP）的空间位置外，还包含机器人末端执行器的空间指向（工具姿态）。不妨以图2-22所示的机器人搬运作业为例，机器人末端携持的是夹持器，当机器人运行至参考点时，应将夹持器指向调整为平行或垂直于作业对象表面，并保持该姿态直至作业区间结束，如图2-23所示。

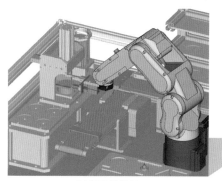

(a) 抓取参考点

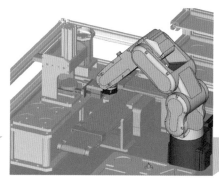

(b) 抓取点

---

❶ 停止点和路径点指的是一个示教或编程的指令位姿，机器人各轴到达停止点时速度指令为零且定位无偏差，而机器人各轴到达路径点时将有一定的偏差，其大小取决于到达该位姿时各轴速度的连接曲线和路径给定的规范（速度、位置偏差）。

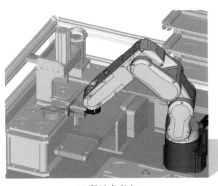

(c) 释放参考点

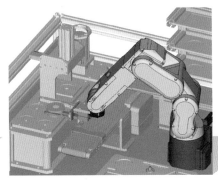

(d) 释放点

图 2-23　夹持器姿态规划

（3）运动指令　工业机器人作为一种自动控制、可重复编程、多用途的柔性装备，在其出厂前机器人制造商已为现场工程师开发专用编程语言。运动指令是运动类、工艺类、信号处理类、流程控制类和数据运算类五类常用机器人编程指令之一，它是以指定的运动速度和动作类型控制机器人工具中心点（TCP）向工作空间内的目标位置运动，包含关节运动指令、直线运动指令和圆弧运动指令等。常见的工业机器人运动指令及功能见表 2-5。归纳起来，机器人运动指令主要由动作类型、位置坐标、运动速度、定位方式和附加选项等五大要素构成，不同品牌的机器人指令要素呈现形式有所不同，如图 2-24 所示。各运动指令要素的内涵请扫描目录页二维码查阅。

表 2-5　常见的工业机器人运动指令及功能

序号	运动指令	指令功能	指令示例（FANUC）
1	关节运动指令	以点到点方式（PTP）控制机器人移至目标指令位姿的基本指令，机器人各运动轴同时加/减速，工具中心点（TCP）的运动轨迹通常为非线性，且移动过程中末端执行器姿态不受控制，适用于原点、过渡点和参考点编程	J　P[1]　50%　FINE　//原点 // 在保持机器人末端工具姿态自由前提下，机器人所有关节运动轴同时加速（手动模式时最大运动速度的50%）移向指令位姿 P[1]，待工具中心点（TCP）到达 P[1] 位置时，所有关节运动轴同时减速后停止
2	直线运动指令	以线性插补方式对从运动起点到终点的工具中心点（TCP）运动轨迹（含工具姿态）进行连续路径控制（CP），适用于作业点编程	J　P[3]　30%　FINE　//抓取临近点 L　P[4]　50cm/min　FINE　//抓取点 // 机器人携带夹持器从指令位姿 P[3] 出发，按照预设的运动速度 50cm/min 线性移向抓取点 P[4]，并在此指令位姿处减速停止
3	圆弧运动指令	以圆弧插补方式对从圆弧起点，经由圆弧中间点，移向圆弧终点的工具中心点（TCP）运动轨迹（含工具姿态）进行连续路径控制（CP），适用于作业点编程	L　P[3]　50cm/min　FINE　// 圆弧轨迹起点 C　P[4]　　　　　　　// 圆弧轨迹中间点 　　P[5]　50cm/min　FINE　// 圆弧轨迹终点 // 机器人携带末端执行器从指令位姿 P[3] 出发，按照预设的运动速度 50cm/min，经由圆弧中间点 P[4]，以圆弧方式移向圆弧终点 P[5]，并在此指令位姿处减速停止

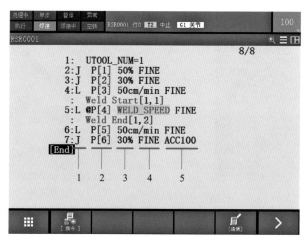

图2-24　工业机器人运动指令的五大要素

1—动作类型；2—位置坐标；3—运动速度；4—定位方式；5—附加选项（可选项）

2.2.4　程序创建与测试

基于示教-再现原理的工业机器人，其完成作业所执行的运动轨迹、工艺条件和动作次序均靠现场工程师编制的任务程序实现。机器人任务程序的创建请扫描目录页二维码查阅。

（1）**任务程序构成**　机器人任务程序的构成包含两部分：数据声明和指令集合。前者是机器人任务编程过程中形成的相关数据（如指令位姿数据），以规定的格式予以保存。后者是机器人完成具体操作的编程指令程序，一般由行号码、行标识、指令语句和程序结构记号等构成，如图2-25所示。

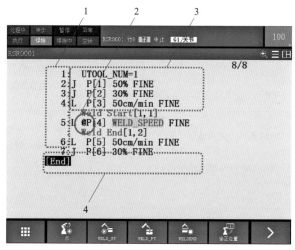

图2-25　工业机器人任务程序的构成

1—行号码；2—行标识；3—指令语句；4—程序结束记号

① 行号码　行号码是机器人制造商为提高任务程序的阅读性，以及便于编程员快速定位任务程序指令语句而自行开发的一种数字助记符号。行号码会自动插入到指令语句的最左侧。当删除或移动指令语句至程序的其他位置时，程序将自动重新赋予新的行号码，

使得首行始终为行1，第2行为行2……

②行标识　行标识是机器人制造商为提高任务程序的阅读性，以及警示编程员关键示教点用途或机器人工具中心点（TCP）运动状态而自行开发的一种图形助记符号。行标识通常会自动显示在指令语句的左侧。

③程序结构记号　程序结构记号是机器人制造商为提高任务程序的阅读性而自行开发的一种文本助记符号，一般包括程序开始记号（如 Begin of Program）和程序结束记号（如 End of Program）。程序结构记号会自动插入到程序的开头和尾部。当插入指令时，程序结束记号自动下移。程序执行至结束记号时，通常会自动返回至第1行并结束执行。

④指令语句　机器人编程指令是机器人制造商为让机器人执行特定功能而自行开发的专用编程语言。指令及其参数构成指令语句，若干指令语句的集合构成机器人任务程序。工业机器人编程指令包含运动类、工艺类、信号处理类、流程控制类和数据运算类等五类常用指令，见表2-6。

表 2-6　工业机器人常用的五类编程指令

序号	指令类别	指令描述	执行对象	指令示例（FANUC）
1	运动指令	对工业机器人系统各关节运动轴（含附加轴）转动和移动控制的相关指令，用于机器人运动轨迹编程	机器人系统	J、L、A、C、Weave 等
2	工艺指令	对机器人焊接和码垛等进行控制以及工艺条件设置的相关指令，用于机器人工艺条件编程	工艺系统	Weld Start、Weld End、PALLET-IZING-B、PALLETIZING-END 等
3	信号处理指令	对机器人信号输入输出通道进行操作的相关指令，包括对单个信号通道和多个信号通道的输出和读取等，用于机器人动作次序编程	工艺辅助设备	DO、DI、AO、AI、PULSE 等
4	流程控制指令	对机器人操作指令执行顺序产生影响的相关指令，用于机器人动作次序编程	机器人系统	CALL、WAIT、IF、JMP、LBL 等
5	数据运算指令	对程序中相关变量进行数学或布尔运算的指令，用于机器人动作次序编程		+、-、*、/、MOD、DIV 等

注：第二代和第三代工业机器人除运动类、工艺类、信号处理类、流程控制类、数据运算类等五类常用指令外，还集约赋予其"五官"感知能力的丰富传感器指令。

（2）任务程序编辑　现场工程师需要根据机器人作业的实际效果，合理调整运动轨迹、工艺条件、动作次序的合理性和准确度，即机器人任务程序编辑。常见的任务程序编辑主要涉及指令位姿和指令语句的变更。

①指令位姿编辑　在实际任务编程过程中，机器人的路径规划和姿态调整难以做到一蹴而就，需要经常插入新的指令位姿、变更或删除已有指令位姿，编辑方法见表2-7。

表 2-7　机器人指令位姿的插入、变更和删除（以 FANUC 机器人为例）

编辑类别	编辑步骤
插入	①移动光标位置。在手动模式下，使用【方向键】移动光标至待插入示教点的下一行行号。 ②选择插入选项。点按【翻页键】，依次选择界面功能菜单（图标）栏的"编辑"→"插入"，此时界面底部弹出"插入多少行？"输入提示。 ③输入插入行数。使用【数字键】输入插入行数，按【回车键】确认。 ④点动机器人。握住【安全开关】的同时，使用【上档键】+【运动键】组合键，点动机器人至目标位置，如图 2-26 所示。 ⑤记忆目标点。依次点按【翻页键】→【功能菜单】（点），选择合适的运动指令，记忆并插入新的指令位姿至光标所在行
变更	①移动光标位置。在手动模式下，使用【方向键】移动光标至待变更示教点所在行的行号。 ②点动机器人。握住【安全开关】的同时，使用【上档键】+【运动键】组合键，点动机器人至新的目标位置，如图 2-27 所示。 ③重新记忆目标点。根据需要按【翻页键】，使用【上档键】+【功能菜单】（记忆）组合键，记忆覆盖新的指令位姿至光标所在行的示教点
删除	①移动光标位置。在手动模式下，使用【方向键】移动光标至待删除示教点所在行的行号。 ②选择删除选项。根据需要按【翻页键】，依次选择界面功能菜单（图标）栏的"编辑"→"删除"，此时界面底部弹出"是否删除行？"提示。 ③删除目标点。点按【功能菜单】（是），确认删除光标所在行的示教点及指令语句

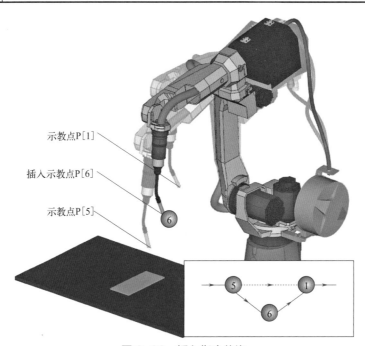

图 2-26　插入指令位姿

② 指令语句编辑　除指令位姿的变更外，工业机器人任务程序编辑还包括指令语句的剪切、复制和粘贴等。工业机器人指令语句的编辑方法见表 2-8。

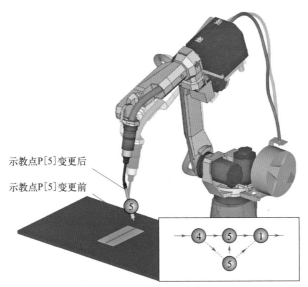

示教点P[5]变更后

示教点P[5]变更前

图 2-27　变更指令位姿

表 2-8　机器人指令语句的剪切、复制和粘贴（以 FANUC 机器人为例）

编辑类别	编辑步骤
剪切	①移动光标位置。在手动模式下，使用【方向键】移动光标至待开始剪切的指令语句的行号。 ②选择剪切选项。根据需要按【翻页键】，依次选择界面功能菜单（图标）栏的"编辑"→"复制 /剪切"。 ③选择指令语句（序列）。点按【功能菜单】(选择)，使用【方向键】选中待剪切的指令语句（序列）（行号码底色变为黑色）。 ④剪切指令语句（序列）。选择界面功能菜单（图标）栏的"剪切"，所选指令语句（序列）从任务程序文件中删除，并被暂存于剪贴板
复制	①移动光标位置。在手动模式下，使用【方向键】移动光标至待开始复制的指令语句的行号。 ②选择复制选项。根据需要按【翻页键】，依次选择界面功能菜单（图标）栏的"编辑"→"复制 /剪切"。 ③选择指令语句（序列）。点按【功能菜单】(选择)，使用【方向键】选中待复制的指令语句（序列）（行号码底色变为黑色）。 ④复制指令语句（序列）。选择界面功能菜单（图标）栏的"复制"，所选指令语句（序列）被暂存于剪贴板
粘贴	①移动光标位置。在手动模式下，使用【方向键】移动光标至待插入指令语句的下一行行号。 ②粘贴指令语句（序列）。依次选择界面功能菜单（图标）栏的"粘贴"→"POS"，暂存于剪贴板的指令语句（序列）序列被顺序插入到光标所在行的上一行。当依次选择界面功能菜单（图标）栏的"粘贴"→"R-POS""RM-POS"，暂存于剪贴板的指令语句（序列）被倒序插入到光标所在行的上一行

注：当粘贴运动指令语句（序列）时，现场工程师可以选择"LOGIC"复制暂存于剪贴板的指令语句（序列）逻辑而不保留位姿数据，也可以选择"POS"复制暂存于剪贴板的指令语句（序列）位姿数据但更新位置编号，还可以选择"POSID"同时复制暂存于剪贴板的指令语句（序列）位置编号和位姿数据。

（3）任务程序测试　待机器人运动轨迹、工艺条件和动作次序编程结束后，可以通过执行单条指令（正向 / 反向单步程序验证）或连续指令序列（测试运转），确认机器人运动路径、参数规范和动作次序的合理性，评估任务程序执行的周期时间等。程序测试时，可以暂不执行工艺指令，即机器人不输出作业开始和作业结束等动作次序指令信号，使得机器人"空跑"。具体的工业机器人单步程序验证及测试运转操作见表2-9。

表 2-9　工业机器人任务程序验证及测试运转（以 FANUC 机器人为例）

单步程序验证	程序测试运转
①在手动模式下，移动光标至程序首行。 ②激活单步程序验证功能。点按【单步键】，激活任务程序单步验证功能。 ③消除机器人报警信息。轻握【安全开关】，点按【复位键】，消除机器人系统报警信息。 ④单步测试指令语句。轻握【安全开关】，同时按住【上档键】+【前进键】，程序自上而下顺序单步执行，每执行一条指令语句或每到达一个示教点，自动停止运行。同理，轻握【安全开关】，同时按住【上档键】+【后退键】，程序自下而上顺序单步执行，每执行一条指令语句或每到达一个示教点，自动停止运行。 ⑤重复步骤④，直至执行全部任务程序	①在手动模式下，移动光标至程序首行。 ②激活程序测试运转功能。点按【单步键】，激活任务程序连续测试功能。 ③消除机器人报警信息。轻握【安全开关】，点按【复位键】，消除机器人系统报警信息。 ④连续测试指令语句。轻握【安全开关】的同时保持按住【上档键】，点按【前进键】一次，程序自上而下顺序连续执行，直至执行最后一条指令语句或到达最后一个指令位姿（如返回 HOME）

注：为安全测试机器人任务程序，程序测试运转时无倒序功能，即仅能自上而下执行连续指令序列。

点拨

遵循工业机器人安全操作规程，机器人任务程序的测试验证应依次在中速（速度倍率为 30%～50%）、中高速（速度倍率为 50%～80%）和高速（速度倍率为 80%～100%）下执行至少一个循环。确认程序执行无误后，方可自动运转任务程序。

通过程序行标识可以实时了解机器人工具中心点（TCP）的运动状态，如到达指令位姿、沿指令路径运动等，如图 2-28 所示。不同机器人品牌的程序行标识略有不同，如 FANUC 机器人到达指令位姿时的行标识为"@"。

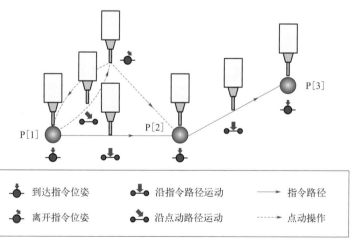

图 2-28　工业机器人任务程序的行标识

机器人搬运示教编程

搬运是指用或不用辅助设备，将握持部件或产品从一个（加工）位置移动到另一个（加工）位置，以实现其装卸、运输、存储、流通加工等物流活动。搬运机器人是现代生产变革中发展起来的一种新型自动化移载装备。因其具有不知疲劳、不怕危险、抓举重物的力量比人手力大以及能不间断重复工作的特点，搬运机器人被越来越广泛地运用在智能机床或综合加工自动生产线上装卸、翻转和传递机械零部件。

本案例要求采用示教编程方法，通过机器人携带（两指）夹持器，尝试将（圆形）物料从托盘❶抓取并搬运至带式输送机指定位置（图 2-29），完成机器人搬运作业的简单示教编程，深化对机器人任务编程内容、方法和流程的理解。

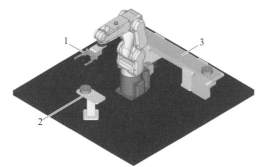

图 2-29　机器人搬运作业示意
1—（两指）夹持器；2—托盘；3—带式输送机

策略分析：机器人搬运任务编程相对容易，是机器人上下料、分拣和码垛等任务编程的基础。使用机器人抓取、移载和释放（圆形）物料一般需要 5 ～ 6 个目标指令位姿，机器人"冂"字运动规划如图 2-30 所示。各指令位姿用途见表 2-10，其姿态示意如图 2-31 所示。在实际任务编程时，可以按照图 2-21 所示流程开展。

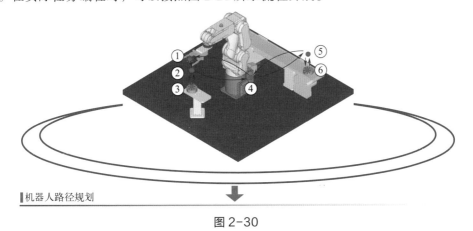

机器人路径规划

图 2-30

---

❶ 托盘（pallet）是指在运输、搬运和存储过程中，将物品规整为货物单元时，作为承载面并包括承载面上辅助结构件的装置。

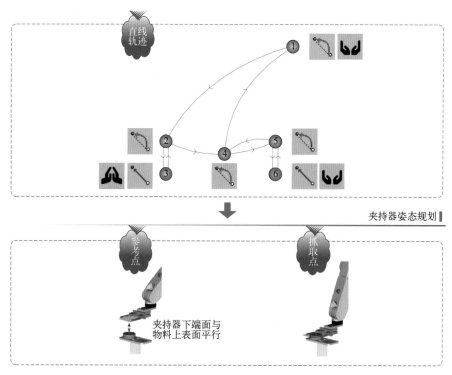

图 2-30　机器人搬运作业的运动规划

表 2-10　机器人搬运作业的指令位姿

指令位姿	备　注	指令位姿	备　注	指令位姿	备　注
①	原点（HOME）	③	抓取点	⑤	释放参考点
②	抓取参考点	④	过渡点	⑥	释放点

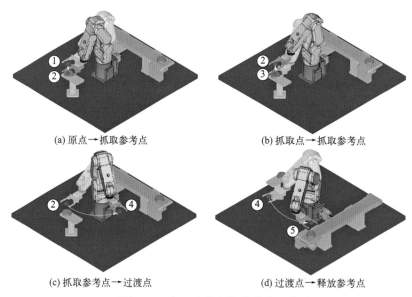

(a) 原点→抓取参考点　　　　　　(b) 抓取点→抓取参考点

(c) 抓取参考点→过渡点　　　　　(d) 过渡点→释放参考点

图 2-31　机器人搬运指令位姿示意

场景延伸

　　井式供料机是实现流水作业自动化的一种辅助性设备，其主要功能是将已加工或尚未加工的（半）成品从贮料仓或其他贮料设备中均匀或定量地供给，以满足生产和加工的需要。以井式供料机（图 2-32）为例，机器人携带（两指）夹持器，尝试将（圆形）物料从供料机的出口位置抓取并搬运至带式输送机，经由机器人控制器，井式供料机不间断地输送物料，如何调整机器人搬运任务程序实现连续搬运作业？

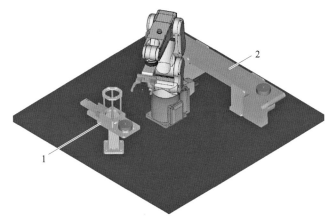

图 2-32　机器人连续搬运作业示意
1—井式供料机；2—带式输送机

本章小结

　　工业机器人系统通过本体轴和基座轴的协同运动，以及与工装轴的协调运动实现机器人末端执行器或工具中心点（TCP）的空间定位与定向。

　　快速、便捷地完成机器人空间重定位和 / 或重定向需要适时选择恰当的点动坐标系和坐标（运动）轴。

　　运动轨迹、工艺条件和动作次序是工业机器人任务编程的主要内容。路径规划是机器人运动轨迹编程的关键，意在找出机器人完成作业任务所经过的一系列安全路径点和停止点。

　　机器人搬运轨迹指令位姿主要是在关节坐标系和世界坐标系中完成示教，其编制方法有示教编程和离线编程两种。

 **拓展阅读**

工业机器人离线仿真

离线编程技术基于计算机图形学建立工业机器人系统工作环境几何模型，通过操控图像及使用机器人编程语言描述机器人作业任务，然后对任务程序进行三维模型动画仿真，离线计算、规划和调试机器人任务程序，并生成机器人控制器可执行的代码，最后经由通信接口发送至机器人控制器。由于编程时不影响实体机器人作业，绿色、安全且投入较少，所以离线编程技术在产业和教育领域获得推广。

离线编程软件是工业机器人应用与研究不可或缺的工具，美国、英国、法国、德国、日本等国家的世界知名大学、研究所以及行业龙头公司对机器人离线编程与仿真技术进行了大量的研究，并开发出原型系统和应用系统。根据软件开发和应用情况，机器人离线编程软件可分为企业专用软件（如 NIS 公司的 RoboPlan、NKK 公司的 NEW-BRISTLAN）、机器人配套软件（如 ABB 机器人的 Robotstudio、FANUC 机器人的 Roboguide）和商品化通用软件（如 Tecnomatix 公司的 RoboCAD、Deneb 公司的 IGRIP）三类。

概括来讲，机器人离线编程软件具有数据管理、用户管理、文本转换、数据传输及动画模拟等功能。借助离线编程软件，机器人系统集成商和现场工程师可以针对项目（客户）要求，直观设置和观察机器人位姿、动作、干涉等情况（图 2-33），估算机器人工作空间是否合适，预先分析工业机器人系统设备的配置，提高设备选型的准确性。在此基础上，机器人系统集成商和现场工程师还可以利用软件输出方案的二维或三维仿真动画，便于与客户沟通交流，增加方案的可信性和成熟度，规避潜在的项目风险。

图 2-33　工业机器人系统方案设计与离线仿真

从机器人教学及技能培训角度出发，工业机器人系统前期投入昂贵，难以满足全员上机实践的要求。Roboguide 软件使用的力学、工程学等机器人运动学公式以及机器人操作，均与实际机器人完全相同，利于学生的学习与操作体验。近年来，随着机器人遥操作、传感器信息处理等技术的进步，基于虚拟现实技术的工业机器人任务编程成为机器人教学培训中的新兴研究方向。通过将虚拟现实作为高端的人机接口，允许学生通过声、像、力以及图形等多种交互设备实时与虚拟环境交互，如图 2-34 所示。由于无须使用机器人操作机，虚拟仿真教学培训系统仅保留机器人控制器（去除伺服驱动模块），其成本占工业机器人成本的 3% ～ 5%，且学生可以手持示教盒监控机器人操作机图形的运动，操作体验感进一步提升。

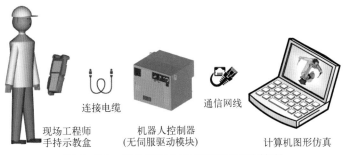

现场工程师　　　　连接电缆　　机器人控制器　　通信网线　　计算机图形仿真
手持示教盒　　　　　　　　　　（无伺服驱动模块）

图 2-34　工业机器人的虚拟仿真教学培训

 知识测评

一、填空题

1. _____作为调试、编程、监控、仿真等多功能智能交互终端，主要由_____、
_____以及外设接口等三种组成。

2. 工业机器人任务编程的主要内容包括_____、_____和_____三个
部分。

3. 机器人完成直线轨迹作业一般仅需_____个指令位姿（直线的
_____点），插补方式选_____。

4. _____是在与机器人分离的专业软件环境下，建立机器人及其工作环境的几
何模型，采用专用或通用程序语言，以离线方式进行机器人运动轨迹的规划编程。

5. 一般来讲，点动工业机器人有_____和_____两种操控方式。

二、选择题

1. 第一代和第二代工业机器人系统基本都配置有（　　　）等机器人点动坐标系。
①关节；②世界；③工具；④工件（用户）
A. ①②③④　　　　B. ①②③　　　　　　C. ②③④　　　　　　　D. ①③④

2. 机器人完成搬运作业的任务程序，一般由（　　　）等构成。
①程序结构记号；②行标识；③行号码；④指令语句
A. ②③④　　　　B. ①②③　　　　　　C. ①②④　　　　　　　D. ①②③④

3. 工业机器人运动指令的要素构成包括（　　　）。
①动作类型；②位置坐标；③运动速度；④定位方式；⑤附加选项
A. ①②③④⑤　　　B. ①②⑤　　　　　　C. ①②④　　　　　　　D. ①②③④

三、判断题

1. 本体轴和基座轴用于机器人末端执行器或工具中心点（TCP）的空间定位与定向，
而工装轴主要是辅助工件完成空间定位。（　　　）

2. 坐标系是为确定工业机器人的位姿而在机器人本体上进行定义的位置指标系统。
（　　　）

3. 在关节坐标系中，工业机器人系统各运动轴均可实现单轴正向、反向转动（或移动）。（   ）

4. 增量点动机器人适用于手动操作和任务编程时离目标（指令）位姿较远的场合，主要是对机器人末端执行器（或工件）的空间位姿进行快速粗调整。（   ）

5. 当产品结构件体积或质量较大时，可以通过赋予工业机器人"下肢"移动功能来提高机器人利用率和拓展其作业空间。（   ）

6. 机器人单步测试程序的目的是为确认示教生成的动作以及工具指向位置是否记忆。（   ）

7. 工业机器人的任务编程可采用在线和离线两种方式。（   ）

8. 弧形轨迹通常示教两个目标指令位姿（圆弧轨迹起始点和结束点），各端点之间的连续路径运动则由机器人控制系统的路径规划模块通过插补运算生成。（   ）

第 3 章

蓄势待发，机器人移载任务编程

机器人移载是实现自动化、智能化和柔性化生产的关键一环。在众多智能工厂和数字化车间里，偌大的车间人迹寥寥。生产线头部的大型工业机器人"手舞足蹈"，源源不断将整整齐齐的货垛逐一输送至生产线上。中间数十、数百台工业机器人不停地挥舞着"手臂"，来回伸缩于冲压机、注塑机、压铸机等各型生产设备之间。尾部机器人则忙碌着将一件件成品堆码成垛。此景即是工业机器人在先进制造中充当物流角色的展现。

本章通过介绍机器人上下料和码垛两大典型任务编程，帮助学生了解上下料的动作次序和码垛的基本原理，熟悉机器人信号处理指令、流程控制指令和码垛工艺指令，明晰机器人运动控制和作业过程控制的安全策略，深化对机器人动作次序和工艺条件编程的理解。

 学习目标

| 素养提升 | ① 概括机器人移载的编程逻辑，简化编码程序，明确信息安全，提升学生对国家基建发展的制造业先进技术的关注意识，培养其技术自信、职业自信等卓越品质。 |

素养提升
① 概括机器人移载的编程逻辑，简化编码程序，明确信息安全，提升学生对国家基建发展的制造业先进技术的关注意识，培养其技术自信、职业自信等卓越品质。
② 总结智能装卸机器人在珠三角港口群、董家口散货码头等港口码头工作过程中的角色担当，提升学生解决复杂工程问题的能力。感受中国港口建设的智能发展，了解先进设备在装卸工作中的信息保障和技术支持，引导学生创新拓展，勇于投身高效性、智能化、可靠性的机器人工程建设。

知识学习
① 能够辨识机器人动作干涉区间，基于信号互锁原理实现机器人系统联锁控制。
② 能够说明机器人通用 I/O 信号和专用 I/O 信号的差异性。
③ 能够归纳机器人上下料和码垛任务编程的流程，规划机器人动作次序和工艺条件。

技能训练
① 能够调用信号处理指令和流程控制指令完成机器人上下料作业的示教编程。
② 能够搭建机器人码垛系统并调用码垛工艺指令完成机器人码垛作业的离线编程。
③ 能够熟练配置货垛垛形、货垛位置和堆垛路径等机器人码垛工艺参数。

学习导图

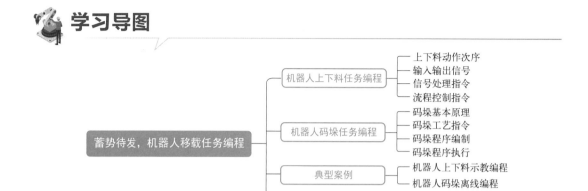

蓄势待发，机器人移载任务编程

- 机器人上下料任务编程
  - 上下料动作次序
  - 输入输出信号
  - 信号处理指令
  - 流程控制指令
- 机器人码垛任务编程
  - 码垛基本原理
  - 码垛工艺指令
  - 码垛程序编制
  - 码垛程序执行
- 典型案例
  - 机器人上下料示教编程
  - 机器人码垛离线编程
- 拓展阅读
  - 机器人智能分拣包装

国之重器

装卸机器人：超级工程之港口码头工程的"快递员"

"风急天高猿啸哀，渚清沙白鸟飞回。""孤帆远影碧空尽，唯见长江天际流。"古代文人骚客有很多赞美长江黄河的唯美诗句，涓涓江水，势能重重，随着科技发展和社会进步，如何使江海湖泊造福一方已成为制造业的新方向。对此，中国制造业工程师传承竹筏船只的古智古法，不断创新航运技术，推动港口码头高质量发展。当前，全球排名前十的港口中，有七个位于中国，助力中国成为全球排名第一的贸易大国。

珠江三角洲，是改革开放后中国制造业最先发达的地区。位于中国港口链南端的广州港、香港港、深圳港均处于世界集装箱吞吐量前十的名单中，它们的吞吐量超过中国总吞吐量的1/4。珠江三角洲数以百万计的工厂使得它们始终处于繁忙之中，自动化装备的需求更为迫切。智能机器人分拣系统通常由多个机器人组成，每个机器人都配备了先进的传感器和计算机视觉技术，能够自动识别货物的标签、尺寸、重量等信息，并将其归类到相应的货箱或运输车辆中。机器人之间可以通过无线网络进行通信，协调工作，确保分拣过程的顺利进行。此外，港口智能机器人分拣系统还可以与港口的其他物流系统进行集成，如自动装卸系统、仓储管理系统等，形成一个完整的智慧港口物流体系。这将进一步提高港口物流的效率和智能化水平，促进港口经济的持续发展。

青岛港附近海岸线，具有天然的建港条件，深水且不淤不冻，董家口散货码头便在其沿岸。信息化管理下的货物无论经过多少重的公路、水路和铁路运输，物流线路均可被追踪到，运输变得更为高效便捷。由于散货码头通常涉及大量不同种类和规格的货物，分拣工作较为复杂，因此需要高度智能化的机器人来协助完成。智能机器人分拣是一种先进的物流技术，它就像智能的"快递员"，可自动分拣货物，提高港口物流的效率和准确性。该种机器人通常具备多种传感器，如激光雷达、深度相机等，能够获取货物全方位的信息，并通过计算机视觉技术对货物进行识别和特征提取。在分拣过程中，机器人会根据预先设定的规则和算法，自动判断货物的种类、数量和存放位置，并将其归类到相应的区域或运输车辆中。同时，机器人能够实时记录货物的分拣数量、重量等信息，并生成相应的数据报表，为码头运营管理提供数据支持。在港口码头工作中，面对数以万计的多样化产品，应用智能分拣机器人可以极大地提高分拣的准确性和高效性，实现港口码头分拣智能化和可靠性，增强其运输的环保性、安全性和可维护性。

渠道安稳通畅，产品高质保量，是我国港口码头的货物吞吐量高居前列的秘诀。先进的智能分拣机器人更是在其中发挥着重要作用，它无时无刻不在警醒我们要钻研核心技术，不断创新拓展。

参考资料——《超级工程·中国港》

3.1　机器人上下料任务编程

 知识讲解

3.1.1　上下料的动作次序

上下料是指将工业生产中的原材料、毛坯件和零（部）件等从一道生产工序传递到另一道生产工序，或从一个暂存区经加工后再传输至另一暂存区的过程。如图 3-1 所示，在机床上下料过程中，首先需要将机加工完成的工件从机床上取下，并放置在指定的位置，为下一道生产工序做准备。同时，也将下一个生产周期待加工的毛坯取出，装夹到机床上。自动上下料装备在工业自动化生产中扮演重要的角色，特别是能够完全胜任工件传递、储存、分类和搬运等作业的柔性搬运机器人，其能够携带两套夹持器同步完成上下料作业，助力企业降本增效和增强核心竞争力。

图 3-1　机器人上下料系统

值得注意的是，机器人上下料系统的核心工艺设备多是数控机床、注塑机、压铸机等重载设备，一套合理完备的机器人上下料动作次序对自动化安全生产的影响尤为突出，否则就可能发生安全事故，如图 3-2 所示。结合图 3-3 所示的机器人上下料路径规划，机器人从原点（指令位姿 1）经由参考点 2 和参考点 3，到达机床侧的取料点（指令位姿 4），然后夹持工件沿参考点 3、参考点 2、参考点 5 移动，在作业点 6 释放工件，完成下料任务。接着从作业点 8 夹持毛坯件，经由参考点 7、参考点 2、参考点 3，再次到达机床侧的放料点（指令位姿 4），完成上料任务。在整个机器人运动过程中，参考点 3 和作业点 4 是存在动作干涉的区间，应设置互锁信号，实现机器人与核心工艺设备之间的联锁控制。通过互锁信号，可以确保机器人在正确的时间、正确的位姿进行上下料作业，避免与其他设备发生碰撞或受损。

图 3-2　机器人上下料安全事故

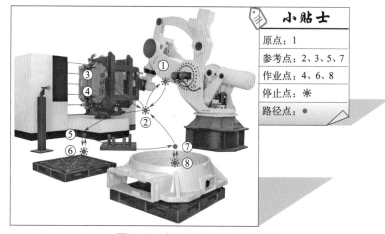

图 3-3　机器人上下料路径规划

不妨以金属切削类数控机床为例，机器人上下料联锁控制次序如图 3-4 所示。在机器

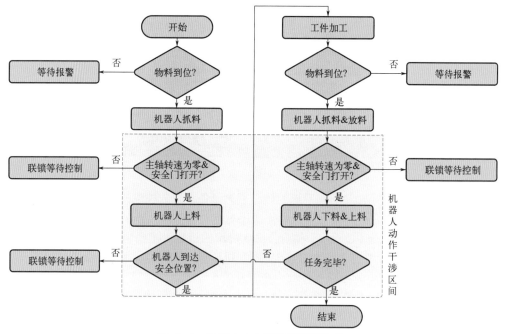

图 3-4　机器人上下料联锁控制次序

人动作干涉区间，通过"主轴转速为零 & 安全门打开？""机器人到达安全位置？"等互锁信号的设置，保证机器人下料 & 上料过程中机器人与核心工艺设备之间的"动静协调"。

点拨 为保证机器人系统设备安全，在机器人动作干涉区间，须保证机器人本体、核心工艺设备和辅助工艺装置等动作的唯一性，即某一时刻仅有一台设备动作。

3.1.2 输入输出信号

机器人在制造业各领域的应用实则为柔性通用设备（执行系统）与刚性专用设备（工艺系统）高度集成的过程，机器人工作中需要与末端执行器、工艺设备、辅助装置、传感器等保持互联互通，这需要输入输出（Input/Output，I/O）信号。概况来讲，机器人 I/O 信号分为通用 I/O 信号和专用 I/O 信号两类。其中，通用 I/O 信号是由机器人现场工程师根据需要自定义用途的 I/O 信号，包括按位传输信号的数字 I/O（DI/DO）、按（半）字节或字传输信号的组 I/O（GI/GO）以及按模拟量传输电流、电压等信号的模拟量 AI/AO。专用 I/O 信号则为机器人制造商预先定义 I/O 接口端子用途、用户无法再分配的 I/O 信号，包括末端执行器数字 I/O（RI/RO）、机器人控制器操作面板数字 I/O（SI/SO）和机器人系统就绪、外部启动等状态 I/O（UI/UO）。工业机器人 I/O 信号种类及功能见表 3-1。现场工程师可以通过机器人示教盒上的 I/O 界面实时查看机器人 I/O 信号的状态，如图 3-5 所示。

表 3-1 工业机器人 I/O 信号种类及功能

I/O 信号种类		I/O 信号功能说明
通用 I/O 信号	DI/DO 信号	通过物理信号接线从周边（工艺）辅助设备进行数据交换的标准数字信号，信号的状态分为 ON（接通）和 OFF（断开）两种，如电磁阀状态监控等
	GI/GO 信号	汇总多条物理信号接线进行数据交换的通用数字信号，信号的状态用数值（十进制数或十六进制数）表达，转变或逆转变为二进制数后通过信号线交换数据，如焊接参数通道监控等
	AI/AO 信号	通过扩展模拟 I/O 板卡的物理信号接线来模拟输入 / 输出电压值交换，当进行信号读写时，将模拟输入 / 输出电压值转换为数值，转换后的数值与输入 / 输出电压值存在一定的误差，如焊接电流监控等
专用 I/O 信号	RI/RO 信号	经由机器人，作为末端执行器 I/O 信号被使用的专用数字信号，在末端执行器 I/O 接口与机器人手腕上附带的连接器连接后使用，如机器人夹持器监控等
	SI/SO 信号	用来进行机器人控制器操作面板上的按钮和指示灯状态数据交换的专用数字信号，信号的输入随操作面板上的按钮 ON/OFF 而定，输出时控制操作面板上的 LED 指示灯 ON/OFF，如报警信号等
	UI/UO 信号	在机器人系统中已经确定其用途的专用数字信号，主要用来从外部对机器人进行远程控制，如启动、暂停和再启动等

注：专用 I/O 信号出厂时内部接线已完成，通用 I/O 信号则需要机器人现场工程师完成 I/O 端子与周边（工艺）设备回路连接。

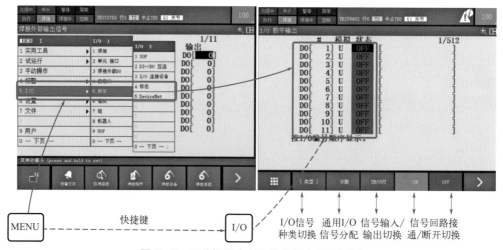

图 3-5　工业机器人 I/O 信号状态显示界面

为区分物理信号接线，将通用 I/O 信号和专用 I/O 信号统称为逻辑信号，而将实际的 I/O 端子信号称作物理信号。在机器人任务程序中，现场工程师可以通过信号处理指令对逻辑信号进行读取或输出操作。如何建立逻辑信号与物理信号间的关联，即通过信号处理指令监控实际的 I/O 端子信号，此过程称为 I/O 信号分配。同时，为给客户提供多样化且便捷性的集成选择，除通过 I/O 接口的点对点通信方式外，机器人制造商和工艺设备制造商还开发支持现场总线（如 DeviceNet）和工业以太网通信（如 EtherNet/IP）等主流通信方式的接口。

实例

　　FANUC R-30iB 系列机器人控制器出厂时默认配置的专用 I/O 信号包含 8 个 RI/8 个 RO 信号、16 个 SI/16 个 SO 信号和 18 个 UI/20 个 UO 信号，各信号功能请扫描目录页二维码查阅。通用 I/O 信号的数量视机器人控制器型号和扩展 I/O 板卡而定，例如 Mate Cabinet 主板标准配置 28 个 DI 信号和 24 个 DO 信号，经由 CRMA15、CRMA16 接口与周边（工艺）设备进行 I/O 通信。

　　FANUC R-30iB 系列机器人控制器标准配置的逻辑信号包含 512 个 DI 信号和 512 个 DO 信号，Mate Cabinet 主板标准配置的 28 个 DI（in1 ～ in28）和 24 个 DO（out1 ～ out24）物理信号被分别映射到 DI[101] ～ DI[120]、DO[101] ～ DO[120]，以及 DI[81] ～ DI[88]、DO[81] ～ DO[84] 等逻辑信号。其中，DI[81] ～ DI[88] 等逻辑输入信号被默认分配给简易配置的 8 个 UI 专用 I/O 信号，DO[81] ～ DO[84] 等逻辑输出信号被默认分配给简易配置的 4 个 UO 专用 I/O 信号。简而言之，Mate Cabinet 主板可供现场工程师自定义的物理信号仅剩 20 个通用 DI 和通用 DO 信号。

3.1.3　信号处理指令

　　整个机器人系统作业动作次序的规划涉及工业机器人、末端执行器、工艺设备和辅助装置等，各生产对象何时动作、设备或装置之间又传递何种信号等逻辑设计至关重要。信号处理指令是机器人动作次序编程中改变机器人控制器向周边（工艺）设备或装置输出信号状态，或读取周边（工艺）设备、装置、传感器等输入信号状态的指令，包括数字 I/O 指令（DI/DO）、模拟 I/O 指令（AI/AO）和机器人 I/O 指令（RI/RO）等。以机器人上下料为例，现场工程师可以使用数字输出指令改变指定 I/O 端子的输出状态，实现对带式输送机的启停控制，如 DO[101：foreward]=ON。常见的机器人信号处理指令的功能、格式及示例见表 3-2。

表 3-2　常见的机器人信号处理指令及功能

序号	信号处理指令	指令功能	指令示例（FANUC）
1	数字输入	获取指定通用数字 I/O 端子的信号状态	格式： R [寄存器号码]=DI[数字输入端子编号：注释] 示例： R[1]= DI[101：nozzle clamp open] // 按位读取 101# 通用 I/O 端子（夹紧气缸松开）的输入信号状态，存入寄存器 R[1]

2	数字输出	向指定通用数字 I/O 端子输出一个信号，或在一段指定的时间内转换通用数字 I/O 端子的信号状态	格式一：
			DO[数字输出端子编号：注释]=[数值]
			示例：
			DO[101：wire cutting]= ON
			// 改变 101# 通用 I/O 端子（启动剪丝）的输出信号状态为 ON，即触发机器人焊枪自动剪丝动作
			格式二：
			DO[端子编号：注释]=PULSE，[时间]
			示例：
			DO[103：wire feeding]= PULSE，1.5sec
			// 向 103# 通用 I/O 端子（送丝）输出高电平信号，待 1 秒后，改变端子输出信号为低电平

3	机器人输入	获取指定专用 I/O 端子的信号状态	格式： R [寄存器号码]=RI[机器人输入端子编号：注释] 示例： R[1]= RI[1：hand open] // 按位读取 11# 专用 I/O 端子（夹持器张开）的输入信号状态，存入寄存器 R[1]

4	机器人输出	向指定专用 I/O 端子输出一个信号，或在一段指定的时间内转换专用 I/O 端子的信号状态	格式一：
			RO[数字输出端子编号：注释]=[数值]
			示例：
			RO[1：hand open]= ON
			// 改变 1# 专用 I/O 端子（夹持器张开）的输出信号状态为 ON，即触发机器人末端执行器（夹持器）张开
			格式二：
			RO[端子编号：注释]=PULSE，[时间]
			示例：
			RO[2：hand close]= PULSE，1.0sec
			// 向 2# 专用 I/O 端子（夹持器闭合）输出高电平信号，待 1 秒后，改变端子输出信号为低电平

续表

序号	信号处理指令	指令功能	指令示例（FANUC）
5	模拟输入	获取指定通用模拟 I/O 端子的信号状态	格式： R [寄存器号码]=AI[模拟输入端子编号：注释] 示例： R[1]=AI[1：welding current] // 读取 1# 模拟 I/O 端子（焊接电流）的输入信号状态，存入寄存器 R[1]
6	模拟输出	向指定通用模拟 I/O 端子输出信号	格式： AO[模拟输出端子编号：注释]= [数值] 示例： AO[1：welding current]=245 // 改变 1# 模拟 I/O 端子（焊接电流）的输出信号为 245A
7	组输入	获取指定通用数字 I/O 端子组的信号状态	格式： R [寄存器号码]=AI[数字输入端子组编号：注释] 示例： R[1]=GI[1：welding channel] // 读取 1# 数字输入端子组（焊接通道）的输入信号状态，存入寄存器 R[1]
8	组输出	向指定通用数字 I/O 端子组输出信号	格式： GO[数字输出端子组编号：注释]= [数值] 示例： GO[1：welding channel]=32 // 调用焊接电源 32# 通道的预设焊接参数

注：机器人信号处理指令包括按位数字输入输出指令 DI/DO 和按字（或字节）数字输入输出指令 GI/GO。

点拨　　　　在实际任务编程时，机器人信号处理指令的调用既可以与运动轨迹的编程同步，又可以滞后于运动指令。此过程需要经常插入、变更或删除任务程序中已调用的信号处理指令。机器人信号处理指令的编辑方法请扫描目录页二维码查阅。

3.1.4　流程控制指令

出于工艺流程和安全生产等考虑，机器人在携带末端执行器完成运动轨迹的同时，需要基于系统感知信息在适时条件下，完成与工艺设备和辅助设备间的合理动作次序。流程控制指令是使机器人任务程序的执行从程序某一行转移到其他（程序的）行，以改变工业机器人系统设备执行动作顺序的指令，包括跳转指令（IF、JUMP、CALL、LBL）和等待指令（WAIT）等。以机器人上下料为例，只有收到数控机床安全门完全打开信号时，机器人方可夹持物料移向数控机床。同时，也只有判定机器人完成送料并移至安全参考位置时，数控系统方可执行新的加工程序。常见的机器人流程控制指令及功能见表 3-3。

表 3-3　常见的机器人流程控制指令及功能

序号	流程控制指令	指令功能	指令示例（FANUC）
1	标签定义	指定程序跳转的地址	格式： LBL [标签号] 示例： LBL[1] R[1]=R[1]+1 IF R[1] ＜ 10, JMP LBL[1] // 利用数值寄存器 R[1] 累加计数至 10，如果计数未到，则跳转至 LBL[1] 标签处
2	无条件跳转	使程序的执行转移到同一程序内所指定的标签	格式： JUMP LBL [标签号] 示例： JUMP LBL[1] // 一旦指令被执行，就必定会使程序的执行转移到同一程序内 LBL[1] 标签处
3	调用指令	使程序的执行转移到其他任务程序（子程序）的第 1 行后执行该程序。待子程序执行结束，返回主程序继续执行后续指令	格式： CALL [文件名] 示例： IF DI[101：nozzle clamp open]=OFF，CALL TORCH_CLEANING // 当自动清枪器的夹紧气缸松开信号为低电平时，调用并执行机器人焊枪自动清洁程序

4	条件跳转	根据指定条件是否已经满足而使程序的执行从某一行转移到其他（程序的）行	格式一：
			IF[因素 1][条件][因素 2], [执行 1]
			示例：
			IF R[1] ＜ 10, JMP LBL[1]
			// 利用数值寄存器 R[1] 累加计数至 10，如果计数未到，则跳转至 LBL[1] 标签处
			格式二：
			IF（[因素 1][条件][因素 2]）THEN
			[执行 1]
			ELSE
			[执行 2]
			ENDIF
			示例：
			IF（R [1] ＞ = 500）THEN
			R [1]=0
			CALL WIRE_CUTTING
			CALL TORCH_CLEANING
			ELSE
			JMP LBL[1]
			ENDIF
			// 如果数值寄存器 R[1] 大于等于 500，则先后执行清零、调用机器人自动剪丝和焊枪自动清洁程序；反之，跳转至 LBL[1] 标签处

续表

序号	流程控制指令	指令功能	指令示例（FANUC）

5	等待指令	在所指定的时间，或条件得到满足之前使程序的执行等待	格式一：
			WAIT [时间值]
			示例：
			DO[102：torch cleaning]=ON
			WAIT　3.00（sec）
			DO[102：torch cleaning]=OFF
			// 启动机器人焊枪自动清洁，持续时间为 3 秒，等待气动马达带动铰刀旋转上升，去除粘堵在喷嘴与导电嘴之间的飞溅
			格式二：
			WAIT [输入端子名称][条件][输入数值] T=[时间值]
			示例：
			WAIT DI[101：nozzle clamp open]= ON
			L　P[5]　50cm/min　FINE
			// 当自动清枪器的夹紧气缸松开信号为高电平时，机器人携带焊枪离开清枪位置

注：机器人条件跳转指令的数量视机器人品牌而定，如 FANUC 机器人包含 IF 和 SELECT 两种指令。

点拨　　　与信号处理指令类似，机器人流程控制指令的调用既可以与运动轨迹的编程同步，又可以滞后于运动指令。在实际任务编程过程中，现场工程师需要经常插入、变更或删除任务程序中已调用的流程控制指令。机器人流程控制指令的编辑方法请扫描目录页二维码查阅。

 典型案例

机器人上下料示教编程

　　冲压是靠压力机和模具对板材、带材、管材、型材等施加外力，使之产生塑性变形或分离，从而获得所需形状和尺寸的工件（冲压件）的成形加工方法。汽车的车身、底盘、油箱、散热器片，锅炉的汽包，容器的壳体，电机、电器的铁芯硅钢片等都是冲压加工的。仪器仪表、家用电器、自行车、办公机械、生活器皿等产品中也有大量冲压件。在每分钟生产数十、数百件冲压件的情况下，短暂时间内完成送料、冲压、出件、排废料等工序，常常发生人身、设备和质量事故。冲压过程安全是一个非常重要的现实问题，实现机器人自动化上下料是企业安全生产的有效保障。

　　本案例要求采用示教编程方法，通过机器人携带（两指）夹持器，尝试将（圆形）物料从长带式输送机尾部抓取，搬运并放置于（模拟）冲压机的指定位置，待完成冲压动作后，再经机器人转运至短带式输送机首部，如图 3-6 所示。

　　策略分析：机器人上下料任务编程尤为注意机器人动作干涉区域的运动安全问题，应通过信号互锁等措施保证机器人本体和核心工艺设备之间动作的唯一性，即机器人动作时，（模拟）冲压机保持静止，（模拟）冲压机工作时，机器人停止动作。此外，使用机器人抓取、移载和放置（圆形）物料一般需要 8 ～ 9 个目标指令位姿，机器人运动规划如图 3-7 所示。各指令位姿用途见表 3-4，其姿态示意如图 3-8 所示。在实际任务编程时，可以按照图 2-21 所示流程开展。

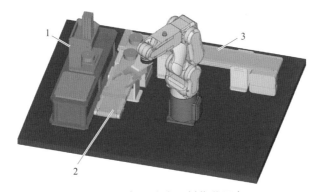

图 3-6　机器人上下料作业示意

1—（模拟）冲压机；2—短带式输送机；3—长带式输送机

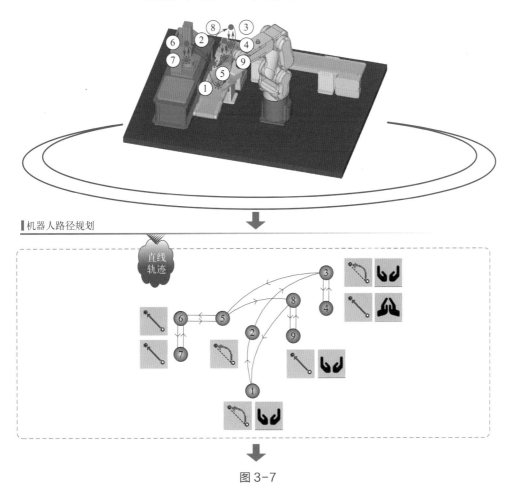

图 3-7

夹持器姿态规划

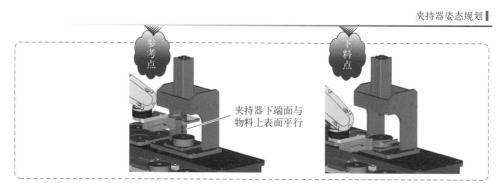

图3-7　机器人上下料作业的运动规划

表3-4　机器人上下料作业的指令位姿

指令位姿	备　注	指令位姿	备　注	指令位姿	备　注
①	原点（HOME）	④	抓取点	⑦	上（下）料点
②	过渡点1	⑤	过渡点2	⑧	释放参考点
③	抓取参考点	⑥	上（下）料参考点	⑨	释放点

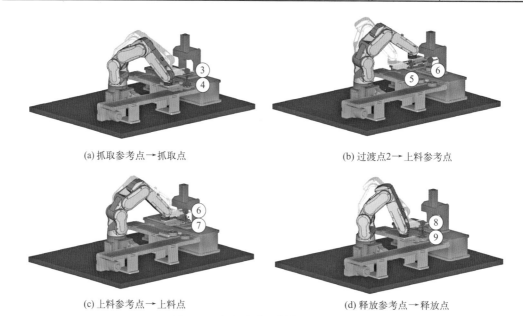

(a) 抓取参考点→抓取点　　　　　　　　　　(b) 过渡点2→上料参考点

(c) 上料参考点→上料点　　　　　　　　　　(d) 释放参考点→释放点

图3-8　机器人上下料指令位姿示意

场景延伸

　　冲压是高效的生产方法，采用复合模，尤其是多工位级进模，可在一台压力机（单工位或多工位的）上完成冲裁、弯曲、剪切、拉深、胀形、旋压和矫正等多道冲压工序，实现由带料开卷、矫平、冲裁到成形、精整的全自动生产。以图 3-9 所示单工位冲裁为例，机器人携带（两指）夹持器，尝试将（圆形）物料从长带式输送机尾部抓取，放置于（模拟）冲压机上，待完成冲压动作后，再将冲压件转运至短带式输送机首部，重复上述过程 3 ～ 5 次，如何调整机器人上下料任务程序实现连续冲压作业？

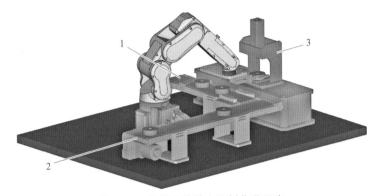

图 3-9　机器人连续上下料作业示意
1—短带式输送机；2—长带式输送机；3—（模拟）冲压机

3.2　机器人码垛任务编程

 **知识讲解**

3.2.1　码垛基本原理

码垛是按照集成单元化的思想，将一件件袋装、罐装、瓶装、盒装等物料（品）遵循一定的模式堆码成垛，以便使单元化的货垛实现存储、搬运、装卸、运输等物流活动。当物料（品）轻便、尺寸和形状变化大以及码垛吞吐量小时，采用人工码垛较为经济可取。而一旦码垛吞吐量超 60 次每小时，人工码垛不仅耗费大量人力，且长时间作业容易导致工人疲惫和降低工作效率。实际上，码垛工作方式单调、体力消耗大和作业批量化等特点，为"机器代人""机器换人"提供了充足的理由和绝佳的应用场景。在工业机器人的众多应用中，机器人码垛无疑是一个重要的领域，如图 3-10 所示。

从运动轨迹视角看，机器人码垛是将机器人搬运、上下料等空间点作业延伸至空间面作业或体作业。换而言之，码垛机器人的任务编程较搬运、上下料机器人编程更为繁杂，除运动轨迹和动作次序编程外，还涉及码垛工艺编程。正如第 2 章所言，码垛机器人的工艺参数设置主要包括货垛垛形、货垛位置和堆垛路径等。

（1）货垛垛形　货垛垛形是指货垛的外部轮廓形状。货垛垛形按垛底的平面形状可以分为矩形、正方形、三角形、圆形、环形等，按货垛立面的形状可以分为矩形、正方形、三角形、梯形、半圆形等，另外还可以组成矩形 - 三角形、矩形 - 梯形、矩形 - 半圆形等复合形状。常见的货垛垛形有平台垛、起脊垛、立体梯形垛、行列垛、井形垛和梅花形垛等。各垛形的堆码方式及特点见表 3-5。

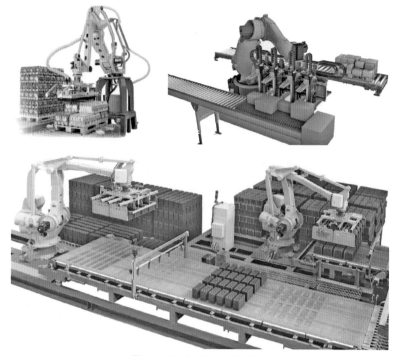

图 3-10　机器人码垛系统

表 3-5　常见的垛形堆码方式及特点

序号	垛形	堆码方式	垛形特点	垛形示例
1	平台垛	先在底层以同一方向平铺摆放一层物料（品），然后垂直继续向上堆积，每层物料（品）的件数、方向相同，垛顶呈现平面，垛形为长方体或正方体	平台垛适用于同一包装规格整份批量货物，包装规则、能够垂直叠放的方形箱装、袋装等物料（品）。该垛形具有整齐、便于清点、占地面积小、方便堆垛操作等优点，但不具有很强的稳定性	
2	起脊垛	先按平台垛的方法码垛到一定的高度，以卡缝的方式逐层收小，将顶部收尖成屋脊形	起脊垛是平台垛为适应遮盖、排水等需要的变形，具有平台垛操作方便、占地面积小的优点，适用平台垛的货物同样适用起脊垛堆垛，但起脊垛由于顶部压缝收小，以及形状不规则，造成清点货物的不便	

续表

序号	垛形	堆码方式	垛形特点	垛形示例
3	立体梯形垛	在最底层以同一方向排放物料（品）的基础上，向上逐层同方向减数压缝堆垛，垛顶呈平面，整个货垛呈下大上小的立体梯形形状	立体梯形垛适用于包装松软的袋装物料（品）和上层面非平面而无法垂直叠码物料（品）的堆码，如横放的卷形桶装、捆包物料（品），该垛形极为稳固	
4	行列垛	将每种物料（品）按件排成行或列摆放，每行或列一层或数层高，垛形呈现长条形	行列垛适用于小批量物料（品）的码垛，长条形货垛使每个货垛的端头都延伸到信道边，作业方便且不受其他阻挡，但垛基小而不能堆高，垛与垛之间都需留空，占用较大的库场面积，库场利用率较低	
5	井形垛	在以一个方向铺放一层物料（品）后，以垂直方向进行第二层的码放，物料（品）横竖隔层交错逐层堆放，垛顶呈平面	井形垛适用于长形的钢管、钢材及木方等堆码，垛形稳固，但每垛边上的货物可能滚落，需要捆绑或者收进	
6	梅花形垛	将第一排物料（品）排成单排，第二排的每件靠在第一排的两件之间卡位，第三排同第一排一样，然后每排依次卡缝排放，形成梅花形垛	梅花形垛适用于需要立直存放的大桶装物料（品）	

为方便现场工程师准确定量描述货垛垛形，通常以世界坐标系为参考，沿世界坐标系的 X 轴正方向（$+X_w$ 轴）定义垛形的行数（row），Y 轴正方向（$+Y_w$ 轴）定义垛形的列数（column），Z 轴正方向（$+Z_w$ 轴）定义垛形的层数（layer）。如图 3-11 所示，该货垛垛形 [R，C，L] 为 [2，2，2]。其中，左上角的垛上点所在行为 1、列为 1、层为 2，其垛上点（位置）索引信息即为 [1，1，2]。

（2）货垛位置　货垛位置是对某一货垛在实际物理空间的相对定位。按照建构主义理论，货垛垛形仅从数字空间定性描述货垛的外部轮廓形状和定量描述货垛的容量大小（行数、列数和层数）。当机器人码垛作业时，需要被告知每件物料（品）在物理空间中的堆码位置信息，这就需要现场工程师预先定义货垛位置。针对规则的货垛垛形，原则上仅需示教垛上几个关键位置的点位信息。如图 3-12 所示，平台垛一般示教四个指令位姿（垛底行的起点和终点、列的终点，垛顶层的终点）。梅花形垛通常示教六个及以上指令位姿（垛底行的起点、中间点和终点，列的终点，垛顶层的终点）。其他垛上指令位姿则由机器人码垛工艺软件自动计算生成，机器人按照生成的垛上指令位姿实现对物料（品）的精准码放。

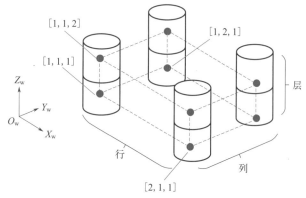

图 3-11　货垛垛形描述

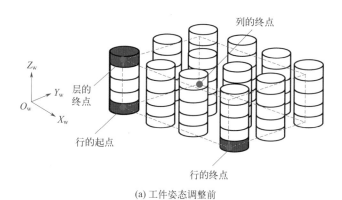

(a) 工件姿态调整前

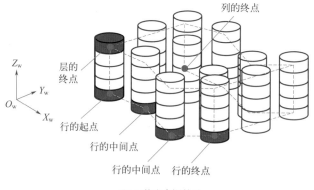

(b) 工件姿态调整后

图 3-12　货垛位置示意

（3）堆垛路径　堆垛路径是机器人堆码各垛上点从参考点到作业点再到参考点的运动

路径。在实际码垛任务编程时，现场工程师仅需选择任一垛上点，合理设置码垛释放点的指令位姿和参考点的指令位姿。其他垛上点的参考点位姿则由机器人码垛工艺软件自动计算生成，机器人遵循生成的堆垛路径按照行、列、层依次完成物料（品）的高效堆码，如图 3-13 所示。

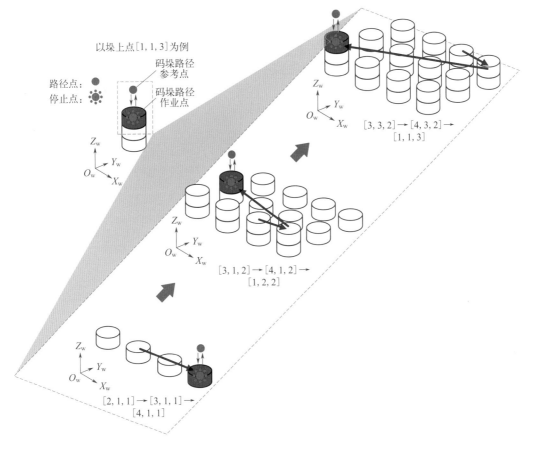

图 3-13　堆垛路径示意

点拨

　　同机器人运动轨迹上的关键位置点信息存储（位置变量 P[i] 和位置寄存器 PR[i]）相似，货垛垛上点的（位置）索引信息可以采用码垛寄存器，如 FANUC 机器人的 PL[i]。

　　规则货垛的垛上点指令位姿和堆垛路径是由机器人码垛工艺软件基于码垛寄存器的值和货垛垛形在线实时计算生成。

3.2.2　码垛工艺指令

　　上述货垛垛形、货垛位置和堆垛路径等关键码垛工艺参数经由机器人码垛工艺指令予以设置。码垛工艺指令是基于码垛寄存器的值，并根据货垛垛形，由系统软件在线实时计算各垛上点的指令位姿及其堆码路径，改写码垛运动指令的位置坐标，控制机器人完成自动码垛任务的指令，包括码垛开始指令、码垛运动指令和码垛结束指令等。为简化码垛任务编程过程，对于主流品牌机器人而言，现场工程师只需将货垛垛形、货垛位置和堆垛路径等信息交互输入工艺软件里，系统将自动生成码垛工艺指令语句序列。常见的机器人码垛工艺指令的功能、格式及示例见表 3-6。

表 3-6　常见的机器人码垛工艺指令及功能

序号	码垛工艺指令	指令功能	指令示例（FANUC）
1	码垛开始指令	基于货垛垛形、堆垛路径和码垛寄存器的值，计算当前垛上点的指令位姿及其堆码路径，并改写码垛运动指令的位置坐标	格式： PALLETIZING-[码垛样式] _ [码垛号码] 示例： PALLETIZING-B_1 J PAL_1 [A_1] 100mm/sec CNT10 L PAL_1 [BTM] 50mm/sec FINE HAND OPEN L PAL_1 [R_1] 100mm/sec CNT10 PALLETIZING-END_1 // 根据货垛垛形、货垛位置和堆垛路径等交互输入信息，机器人自动完成平台垛堆码成垛作业
2	码垛运动指令	使用具有参考点（含临近点和回退点）和作业点（垛上点）的线路点作为指令位姿的运动指令，是码垛专用的运动指令，其位置坐标通过码垛开始指令逐次改写	格式： J PAL_[码垛号码] [线路点] 100% FINE 示例： PALLETIZING-E_1 J PAL_1 [A_1] 100mm/sec CNT10 L PAL_1 [BTM] 50mm/sec FINE HAND OPEN L PAL_1 [R_1] 100mm/sec CNT10 PALLETIZING-END_1 // 根据货垛垛形、货垛位置和堆垛路径等交互输入信息，机器人自动完成梅花形垛堆码成垛作业
3	码垛结束指令	计算下一个作业点（垛上点），改写码垛寄存器的值	格式： PALLETIZING-END_ [码垛号码] 示例： PALLETIZING-EX_1 J PAL_1 [A_1] 100mm/sec CNT10 L PAL_1 [BTM] 50mm/sec FINE HAND OPEN L PAL_1 [R_1] 100mm/sec CNT10 PALLETIZING-END_1 // 根据货垛垛形、货垛位置和堆垛路径等交互输入信息，机器人自动完成井形垛堆码成垛作业

注：1. 当码垛开始指令、码垛运动指令和码垛结束指令序列存在于同一任务程序内时方可发挥指令功能。将三者中的任一指令复制到子程序，码垛工艺指令功能失效。

2. 码垛运动指令的动作类型仅限关节运动和直线运动。

3.2.3　码垛程序编制

熟知机器人码垛的基本原理和工艺指令后，针对具体码垛任务应视货垛垛形和堆垛路径而定流程。概况来讲，机器人码垛任务程序编制大致分为构形、定形、设限和筑形四大环节。

（1）**构形**　根据货垛垛形和堆垛路径选择码垛开始指令类别，在弹出的导航式人机交互界面中，逐项输入定义货垛垛形的行、列、层，堆垛顺序以及存储各垛上点（位置）索引的码垛寄存器编号等资料信息，完成基于数字空间的货垛垛形构建，如图 3-14所示。

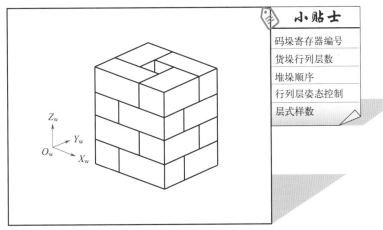

图 3-14　基于数字空间的货垛垛形构建

（2）**定形**　在导航式人机交互界面中，根据所构建的数字空间货垛垛形，逐一人工导引机器人末端执行器至各关键垛上点位置，形成数字空间向物理空间映射，如图 3-15所示。

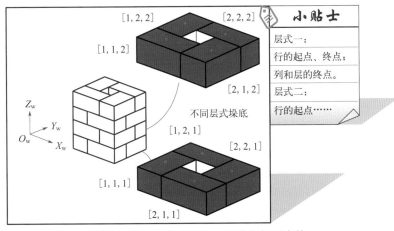

图 3-15　基于物理空间的货垛垛形定位

（3）设限　在导航式人机交互界面中，根据所设定的堆垛路径数和层式样数，设置机器人堆码成垛的运动路径样式条件，如图 3-16 所示。

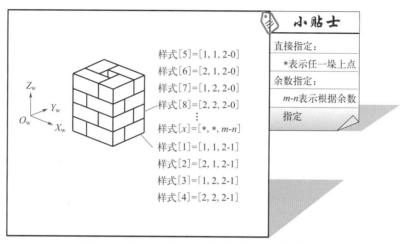

图 3-16　机器人堆码成垛的运动路径样式条件设置

（4）筑形　接续在导航式人机交互界面中，根据所设定的堆垛路径数和层式样数，人工导引机器人末端执行器至若干垛上点位置及其参考点位置，建立机器人堆码成垛的运动路径，如图 3-17 所示。

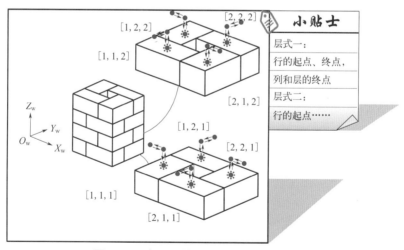

图 3-17　机器人堆码成垛的运动路径建立

综上所述，机器人码垛任务程序编制借助码垛工艺软件友好的人机交互界面，通过"去编程化"的导航式码垛工艺参数配置，系统自动生成码垛工艺指令语句序列，让机器人真正从专业"设备"变为人人皆可使用的"工具"，如图 3-18 所示。机器人码垛工艺软件的出现，有效提高现场工程师的任务编程效率和简化任务程序重新部署工作，有助于实现机器人码垛"零门槛"。

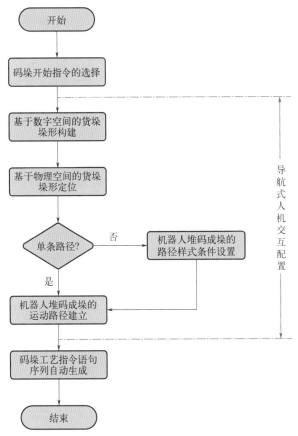

图 3-18 机器人码垛任务程序编制的基本流程

点拨 在实际任务编程时，机器人码垛工艺指令语句序列中需要嵌入信号处理指令，同时其又被嵌入流程控制指令。此过程需要经常插入、变更或删除任务程序中已生成的码垛工艺指令。机器人码垛工艺指令的编辑方法请扫描目录页二维码查阅。

3.2.4 码垛程序执行

当测试机器人码垛工艺指令语句序列时，程序遵循自上而下的基本原则逐条执行。执行码垛开始指令，机器人控制器基于码垛寄存器的值和货垛垛形，在线实时计算即将堆码的作业点（垛上点）指令位姿及其参考点指令位姿，改写码垛运动指令的位置坐标，根据预定义的堆垛路径样式生成即将运行的堆码路径。执行码垛运动指令，控制机器人以指定的动作类型逐次移向参考点和作业点（垛上点）指令位姿，并在作业点（垛上点）位置释放手爪，随后再次移向参考点指令位姿。执行码垛结束指令，机器人控制器根据配置参数改写码垛寄存器的值，计算下一个作业点（垛上点）指令位姿及其参考点指令位姿，依此类推，如图 3-19 所示。

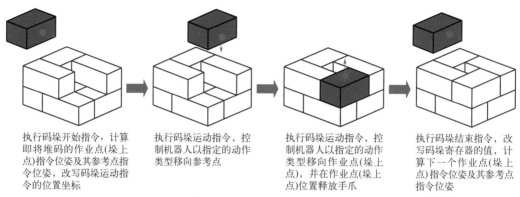

执行码垛开始指令，计算即将堆码的作业点(垛上点)指令位姿及其参考点指令位姿，改写码垛运动指令的位置坐标　执行码垛运动指令，控制机器人以指定的动作类型移向参考点　执行码垛运动指令，控制机器人以指定的动作类型移向作业点(垛上点)，并在作业点(垛上点)位置释放手爪　执行码垛结束指令，改写码垛寄存器的值，计算下一个作业点(垛上点)指令位姿及其参考点指令位姿

图 3-19　机器人码垛工艺指令语句序列执行

值得提醒的是，码垛寄存器的值更新将基于构形环节的参数配置，如加一、减一等。以图 3-11 所示的两行、两列、两层货垛垛形为例，按照"行（R）、列（C）、层（L）"堆码顺序，当执行码垛结束指令时，码垛寄存器的值更新规律见表 3-7。

表 3-7　码垛寄存器的值更新（加一）

码垛结束指令执行次数	码垛寄存器的值	码垛结束指令执行次数	码垛寄存器的值
0	[1，1，1]	5	[2，1，2]
1	[2，1，1]	6	[1，2，2]
2	[1，2，1]	7	[2，2，2]
3	[2，2，1]	8	[1，1，1]
4	[1，1，2]	9	[2，1，1]

点拨　　　码垛寄存器的初始值设置一般堆垛为 [1，1，1]，拆垛为 [总行数，总列数，总层数]。

典型案例

机器人码垛离线编程

离线编程是在与机器人分离的装置上编制任务程序后再输入到机器人中的编程方法，具有绿色、安全且适合复杂轨迹编程等优点。离线编程可以克服示教编程的诸多缺点，充分利用计算机尤其图形学功能，节约编制机器人任务程序所需的时间成本，同时也降低示教编程的不便。目前离线编程广泛应用于机器人焊接、打磨、去毛刺、激光切割和数控加工等新兴应用领域。

本案例要求采用离线编程方法，模拟生产线上带式输送机长距离输送工件的场景，待工件运转至指定位置后，经由传感器信号触发机器人携带（两指）夹持器，完成机器人码垛作业任务（货垛垛形为两行两列两层），如图 3-20 所示。

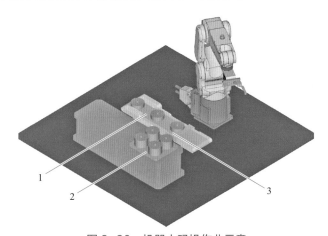

图 3-20　机器人码垛作业示意

1—带式输送机；2—托盘；3—红外光电传感器

策略分析：机器人码垛离线编程是基于计算机图形学建立机器人码垛系统的三维模型，并在数字空间复现实体装备的物理空间布局，如图 3-21 所示。在此基础上，现场工程师可以结合机器人搬运和上下料任务编程积累的经验，合理规划机器人抓取和堆垛路径（点），通常选取 5 ~ 6 个目标指令位姿生成机器人"冂"字运动路径，如图 3-22 所示。各指令位姿用途见表 3-8，其姿态示意如图 3-23 所示。同时，在"去编程化"的导航式码垛工艺参数配置过程中，需要人工导引机器人夹持器移至各关键垛上点，包括行的起点、行的终点、列的终点和层的终点，如图 3-24 所示。待完成任务程序编制后，可以对任务程序进行三维模型动画仿真，离线计算、规划和调试机器人任务程序，生成机器人控制器可执行的代码。

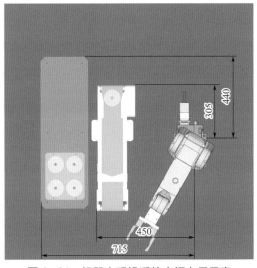

图 3-21　机器人码垛系统空间布局示意

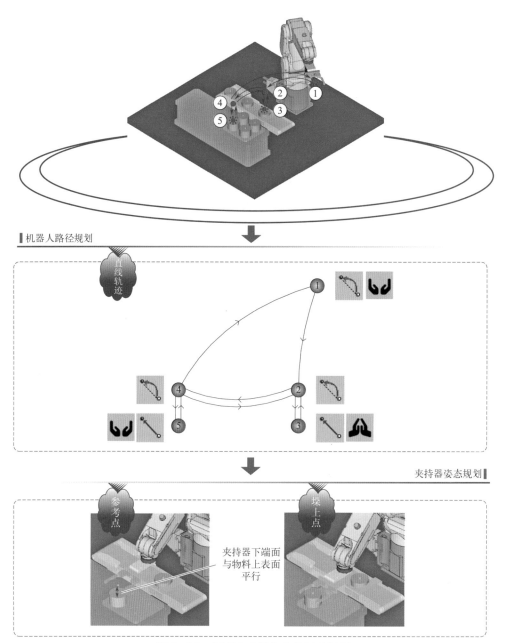

图 3-22　机器人码垛作业的运动规划

表 3-8　机器人码垛作业的指令位姿

指令位姿	备　注	指令位姿	备　注	指令位姿	备　注
①	原点（HOME）	③	抓取点	⑤	释放点
②	抓取参考点	④	释放参考点	—	—

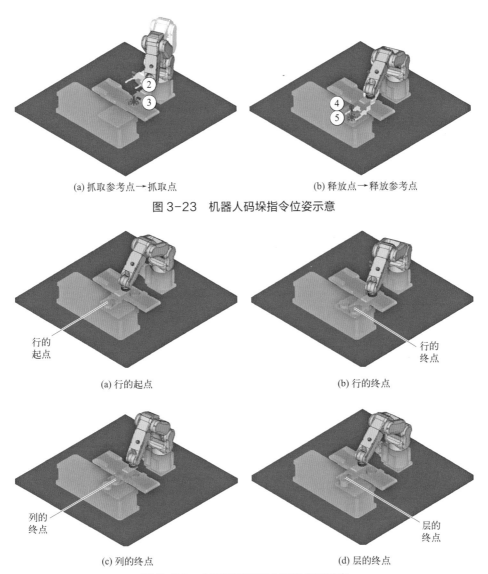

(a) 抓取参考点→抓取点　　　　(b) 释放点→释放参考点

图 3-23　机器人码垛指令位姿示意

行的
起点

(a) 行的起点

行的
终点

(b) 行的终点

列的
终点

(c) 列的终点

层的
终点

(d) 层的终点

图 3-24　人工导引机器人定形货垛示意

场景延伸

　　自动化立体仓库是当前物流仓储技术水平较高的形式。它是利用立体仓库设备实现仓库高层合理化、存取自动化和操作简便化，目前被广泛应用于医药生产、汽车制造、机械制造、电子制造和烟草制造等工业领域。以图 3-25 所示的仓库物料出库为例，机器人携带（两指）夹持器，尝试将（圆形）物料从（模拟）立体仓库逐一抓取，放置在带式输送机上，完成工业生产线原料或毛坯的不间断输送传递。试问：如何调整码垛工艺参数配置实现机器人拆垛作业？

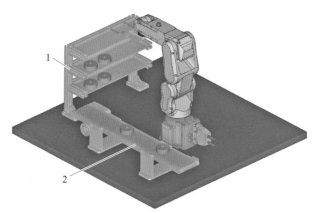

图 3-25　机器人拆垛作业示意
1—（模拟）料仓；2—带式输送机

本章小结

机器人上下料在其动作干涉区间的作业安全主要依赖信号连锁控制予以保证，系统动作次序编程可以采用信号处理指令和流程控制指令。

机器人码垛任务编程关键在货垛垛形、货垛位置和堆垛路径等工艺条件编程，其构形、定形、设限和筑形通常采用"去编程化"的导航式人机交互界面予以实现。

机器人运动轨迹、工艺条件和动作次序编程并未泾渭分明，视"机器人+"应用领域而定。

 拓展阅读

机器人智能分拣包装

分拣是依据所需的一定特征，迅速、准确地将半成品或成品从其所在区位拣选出来，并按一定的方式进行分类、集中、整列等物流活动的技术。在食品、乳品、药品、化妆品等轻工生产领域，其生产环节具有生产节拍快、重复劳动强度大和环境卫生要求高等特点，这为企业引入分拣机器人等数字包装设备提供足够的理由和绝佳的应用场景，物流产业的结构调整和转型升级已成为行业发展的共识。

分拣机器人在自动化生产或包装流水线上实现精准的拣选动作，首要问题是确定拣选对象的实时位置。在实际作业过程中，由于种种原因待拣选对象的位置并不固定甚至是移动的，导致分拣机器人在拣选过程中难免存在偏差。基于机器视觉的分拣机器人是通过视觉传感器获取拣选对象的图像，然后将图像传送至图像处理模块，经过数字化处理分析，由判断决策模块根据图像的颜色、边缘和形状等特征对目标进行识别与定位，并引导控制机器人的动作，实现目标的在线跟踪和动态抓取。以图 3-26 所示的食品包装分拣机器人生产线为例，当目标对象源源不断地进入视觉检测范围内，由工业相机连续拍摄带式输送机固定区域的食品图像，通过专业机器视觉软件对所采集图像进行分析处理，提取食品的

边缘等图像特征，确定食品的特征点及绕该点的转角（即拣选对象的位姿），再经机器人手眼标定技术，实时修正机器人的运动轨迹，在线导引机器人及其末端夹持器拣选食品。

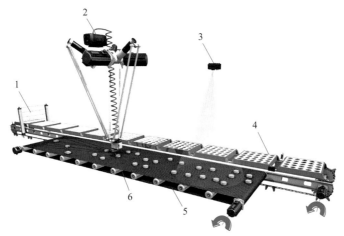

图 3-26　食品包装分拣机器人生产线

1—光电防护；2—操作机；3—工业相机；4—包装容器输送机；5—物料（品）输送机；6—夹持器

除动态跟踪目标对象外，机器人智能分拣作业不允许出现漏拣或错拣现象。目前，机器人自动分拣流水线主要存在两种方式，间歇式分拣和在线动态分拣。对于间歇式分拣流水线而言，当输送机上的待拣选对象被检测到进入分拣工位后，输送机停止向前运转，待分拣机器人完成对目标抓放动作后，输送机继续向前运转，开始下一轮的循环。此种分拣模式下机器人抓取输送机上的目标处于静止状态，目标定位容易，抓取准确可靠。但其缺点也显而易见，由于输送机一直处于一动一停的运行方式，不仅电机的损耗较大，更重要的是影响到整条分拣流水线的效率。

相比之下，在线动态分拣则是当移动目标进入视觉检测范围后，输送机继续维持移动状态，输送机跟踪系统对目标行进轨迹进行预测判断，并规划出合理的分拣机器人抓取路径，待目标移动至机器人工作空间时即可完成对其动态抓取。由于所有拣选动作都是在输送机连续运转状态下进行，所以该方式的工作效率是可以随输送机速度的设定而进一步提高。当然，如果输送机上的待拣选对象过多，一台分拣机器人无法解决遗漏问题，此时可以考虑多台分拣机器人协同作业，如图 3-27 所示。上一台机器人遗漏的待拣选对象传递给下一台机器人，下一台机器人继续作业，依次传递下去。

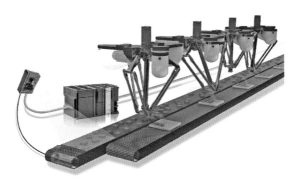

图 3-27　基于视觉导引的多机器人协同分拣作业

知识测评

一、填空题

1. 机器人上下料系统的核心工艺设备多是数控机床、注塑机、压铸机等重载设备，应设置＿＿＿＿＿＿信号，实现机器人与核心工艺设备之间的＿＿＿＿＿＿控制。

2. ＿＿＿＿＿＿信号是经由机器人，作为末端执行器 I/O 信号被使用的专用数字信号，在末端执行器 I/O 接口与机器人手腕上附带的连接器连接后使用。

3. ＿＿＿＿＿＿指令是机器人动作次序编程中改变机器人控制器向周边（工艺）设备或装置输出信号状态，或读取周边（工艺）设备、装置、传感器等输入信号状态的指令。

4. 码垛机器人的工艺参数设置主要包括＿＿＿＿＿＿、＿＿＿＿＿＿和＿＿＿＿＿＿等。

5. ＿＿＿＿＿＿指令功能是基于货垛垛形、堆垛路径和码垛寄存器的值，计算当前垛上点的指令位姿及其堆码路径，并改写码垛运动指令的位置坐标。

二、选择题

1. 在机器人动作干涉区间，通常设置（　　　）安全互锁信号来保证机器人上下料作业过程的安全。

①主轴转速为零；②安全门打开；③夹具张开；④机器人到达安全位置

A．①②③④　　　　B．①②③　　　　　　C．②③④　　　　　　D．①③④

2. 机器人通用 I/O 信号是由机器人现场工程师根据需要自定义用途的 I/O 信号，包括（　　　）。

①按位传输信号的数字 I/O；②按（半）字节或字传输信号的组 I/O；③按模拟量传输电流、电压等信号的模拟量 AI/AO

A．②③　　　　　　B．①②③　　　　　　C．①②　　　　　　　D．①②③

3. 常见的机器人流程控制指令包括（　　　）。

①标签定义；②无条件跳转；③调用指令；④条件跳转；⑤等待指令

A．①②③④⑤　　　　　　　　　　B．①②⑤

C．①②④　　　　　　　　　　　　D．①②③④

4. 机器人码垛任务程序编制包括（　　　）环节。

①构形；②定形；③设限；④筑形

A．①②③④　　　　B．①②　　　　　　C．①②④　　　　　　D．①②③

5. 常见的货垛垛形有（　　　）。

①平台垛；②起脊垛；③立体梯形垛；④行列垛；⑤井形垛；⑥梅花形垛

A．①②③④⑤　　　B．①②⑤⑥　　　　　C．①②④⑤　　　　　D．①②③④⑤⑥

三、判断题

1. 为提高机器人利用率，在机器人动作干涉区间，让机器人和核心工艺设备协同动作。（　　　）

2. 机器人专用 I/O 信号是机器人制造商预先定义 I/O 接口端子用途、用户无法再分配的 I/O 信号。（　　　）

3. 平台垛适用于包装松软的袋装物料（品）和上层面非平面而无法垂直叠码物料（品）的堆码。（　　　）

4. 规则货垛的垛上点指令位姿和堆垛路径是由机器人码垛工艺软件基于码垛寄存器的值和货垛垛形在线实时计算生成。（　　　）

5. 执行码垛运动指令，机器人控制器根据配置参数改写码垛寄存器的值，计算下一个作业点（垛上点）指令位姿及其参考点指令位姿。（　　　）

第4章

再接再厉，机器人工具和工件坐标系

从运动学角度看，机器人执行作业任务的过程实质是确立机械杆系间的几何关系，即完成从笛卡儿（直角）空间向关节空间的坐标变换。工具坐标系和工件坐标系作为机器人运动学的主要研究对象和参考对象，通常用于描述末端执行器相对于作业对象的位姿。在进行任务编程前，机器人现场工程师首先应设置机器人工具坐标系和工件坐标系。

本章通过介绍机器人工具坐标系和工件坐标系两方面内容，辅助学生明晰机器人点动坐标系的内在关联，掌握工具坐标系和工件坐标系的设置缘由及方法，熟悉常见的机器人坐标系指令，深化对机器人运动学的理解。

学习目标

素养提升　① 交流工业机器人的工具坐标系、工件坐标系设定的理论意义，能够熟练应用，明确技术规范，激励学生精雕细琢、一丝不苟的科研数据观念，培养学生脚踏实地、耐心钻研的品质，提升其问题解决能力。
② 讨论工业机器人在玛尔挡水电站、乌东德水电站等水利水电工程中的重要作用，明晰水电站建设的天然优势，引导学生善用资源，感受内在关联，引导学生认识万事万物都是联系的，都是变化和发展的，培养学生用发展的眼光看待事物发展，促进构建人类命运共同体观念的建立。

知识学习　① 能够阐明机械接口坐标系和工具坐标系、机座坐标系和工件坐标系间的内在关联，描述机器人在工具、工件等点动坐标系中的运动规律。
② 能够归纳机器人工具、工件坐标系设置的流程，运用三点（接触）法和直接输入法设置机器人工具、工件坐标系。

技能训练　① 能够适时选择合适的机器人点动坐标系调整机器人末端执行器位姿。
② 能够熟练使用示教盒查看和切换机器人工具、工件坐标系。
③ 能够调用坐标系指令完成机器人工具、工件坐标系初始化。

学习导图

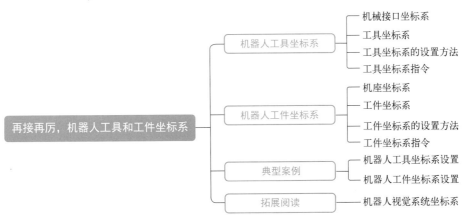

国之重器

工业机器人：大国建造之水利水电工程的"安全员"

中国是世界上最大的能源消费国之一，受人口和地域影响，我国存在资源不均衡不充足等问题，能源进口量逐年增加。而可再生能源的迅速发展能够缓解我国能源发展瓶颈，包括风能、水能、太阳能等，因此，大力推进可再生能源替代，如水能发电等，就成为重中之重。在水利水电工程建设中，实现水能发电最大化是重难点所在，其需要在水下、地下、岩石上等高危地区获取准确数据，工业机器人的出现解决了这一难题，其成为测试数据的"安全员"。

玛尔挡水电站位于青海省玛沁县的黄河干流上，是黄河上游流域在建高海拔、大装机的水电工程。因其特殊的地理位置，建设工程师面临着高海拔、低温、缺氧等处于人类生存下限的高原工作环境，但通过 48 个地下洞室的爆破建设，数千次的坐标设定，工程师最终打造出纵横交错的洞室群。视觉机器人和巡检机器人在洞室内进行自动巡航，通过搭载的高清摄像头和传感器，实时监测洞室的内部环境和设备状态，并将数据传输到控制中心，为工程决策提供科学依据。如若洞室发生紧急情况，视觉机器人和巡检机器人还可以进入危险区域，为救援人员提供现场信息，帮助救援人员快速定位事故点和制定救援方案。

乌东德水电站，位于云南省禄劝县和四川省会东县交界的金沙江干流上，是金沙江下游四个梯级电站的第一梯级，是中国第四座、世界第七座跨入千万千瓦级行列的巨型水电站。时光之手在这里劈出高峡，又捧出平湖。乌东德水电站建设位置地形地质条件复杂，气象条件恶劣，生态环境又十分脆弱，因此每一次任务执行都须精准无误，这其中机器人发挥了重要作用。智能巡检机器人搭载着红外热像仪与高清摄像机、拾音器、局放探测器等设备，可以在无人值守的情况下对全站所有设备、设施状态进行监测。这些机器人能够及时将各个监控点采集的表计读数、设备工作温度的异常情况传输到电站中控室智能监控系统上，实现预警和初步分析。此外，搬运、分拣、焊接等工业机器人在此扮演了"安全员"的重要角色，承担了繁重、危险和重复性任务，降低人工劳动强度，既提高了工效，又保障了人员安全。

工业机器人在高空、低温、低氧等高危环境自主工作的特性使得其在水利水电工程建设中发挥着重要作用。三峡集团利用水下检查检修机器人、混凝土流道检测机器人以及压力钢管检测维护机器人等，初步解决了水电站检修的常见难题。水电站水下检修专用机器人不仅潜得深，而且神通广大，具备水下摄像、扫描、打捞、测量、清理、切割等多种"特技"，有效解决了在大水深、复杂水流条件下水下检查和作业难题。混凝土流道检测机器人可吸附在混凝土流道表面，可识别障碍并自主避障，可自动（或远距离手动控制）沿壁面行走，还可识别混凝土表面缺陷，进行缺陷定位，测量缺陷面积大小和深度。压力钢管检测维护机器人可创建检测空间三维图形，对缺陷进行精确定位；可对压力钢管进行自动探伤，准确测量缺陷面积大小和深度；还可对缺陷部位进行打磨、焊接、涂漆修复等。

为了获取湍急水流的能量，水电站大都建在陡峭的峡谷间，水利水电工程建设的每一步都需要精准测量、反复架构，因此，我们在应用智能设备时，不仅要了解其基础设置与数据规格，更要注重安全规范和资源配置，力求精益求精，为后续工作夯实基础，脚踏实地，走好每一步。"路漫漫其修远兮，吾将上下而求索。"让我们静心求学，夯实基础，一起探索工业机器人发展的广阔前景！

参考资料——《大国建造·地下之弦》《大国建造·聚能追光》

4.1　机器人工具坐标系

 知识讲解

4.1.1　机械接口坐标系

机械接口坐标系（mechanical interface coordinate system，MICS）是参照机器人本体末端机械接口而定义的笛卡儿坐标系。作为常见的工业机器人点动坐标系之一，各品牌机器人的机械接口坐标系的坐标轴方向有所不同，但坐标系的原点基本相同。通常将机械接口坐标系的原点（O_m）定义在机械接口（法兰）的中心，Z轴的正方向（$+Z_m$）为垂直法兰向外，X轴的正方向（$+X_m$）是由法兰中心指向法兰定位孔方向，Y轴的正方向（$+Y_m$）以及绕坐标系各轴的顺时针或逆时针转动均可通过右手定则确定。

机械接口坐标系是机器人制造商开展机器人运动学的研究对象，以便确定机器人本体的工作空间和路径速度等技术参数范围。工业机器人本体轴在机械接口坐标系中的运动基本为多轴联动，且能够实现绕坐标系原点（O_m）定点转动。不过，与世界等坐标系不同的是，机械接口坐标系的原点位置和坐标轴方向在机器人运动过程中是变化的，见表4-1。

表 4-1　机器人本体轴在机械接口坐标系中的运动特点（以 FANUC 机器人为例）

运动类型	轴名称	动作示例	运动类型	轴名称	动作示例
移动	沿 X 轴移动	X 轴	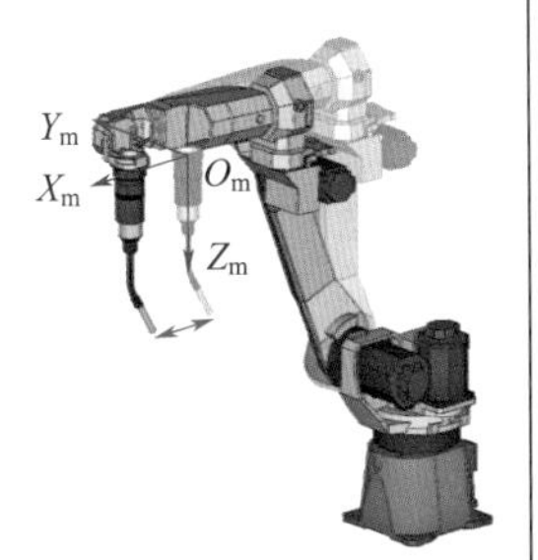	绕 X 轴转动	W 轴	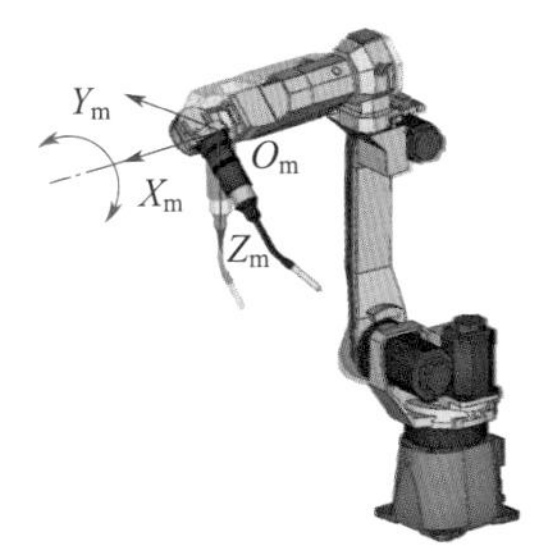
	沿 Y 轴移动	Y 轴	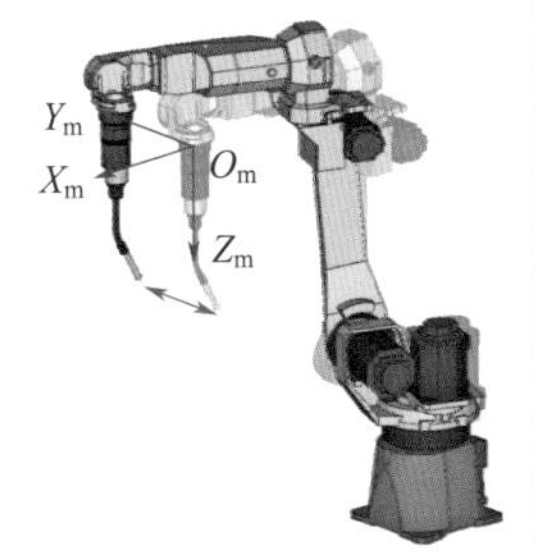	转动	绕 Y 轴转动	P 轴	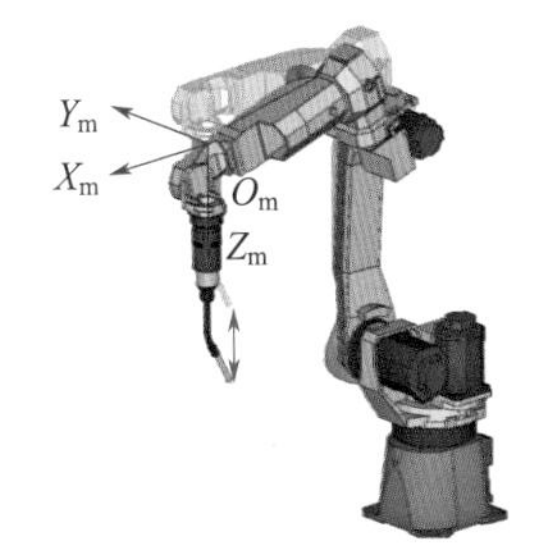
	沿 Z 轴移动	Z 轴	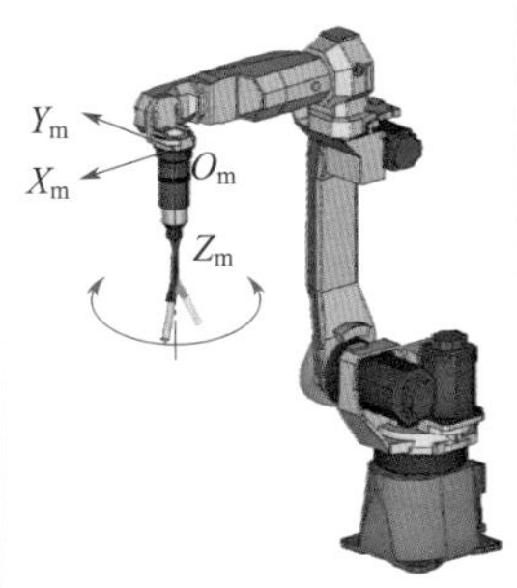		绕 Z 轴转动	R 轴	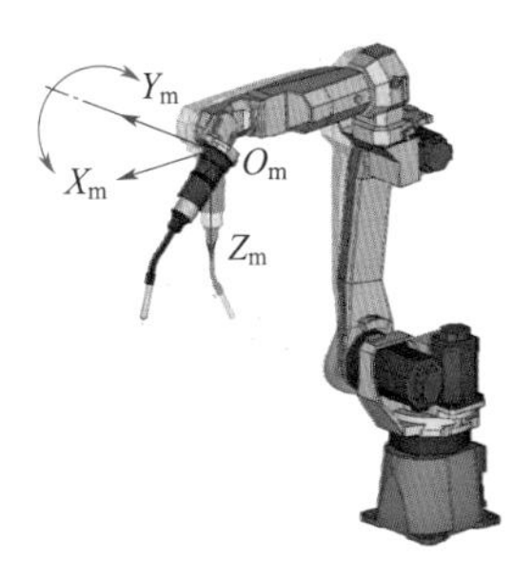

4.1.2　工具坐标系

　　工具坐标系（tool coordinate system，TCS）是机器人现场工程师参照机械接口坐标系（MICS）而定义的三维空间正交坐标系。也就是说，工具坐标系的原点（O_t）和坐标轴方向（$+X_t$、$+Y_t$、$+Z_t$）的设置是相对机械接口坐标系的原点（O_m）和坐标轴方向（$+X_m$、$+Y_m$、$+Z_m$）的。在未设置前，工具坐标系与机械接口坐标系重合，如图 4-1 所示。通常系统允许机器人现场工程师设置 5～10 套工具坐标系，每套工具对应一套工具坐标系，且每次仅能使用其中的一套工具坐标系点动机器人或记忆工具中心点（TCP）位姿。

　　作为机器人运动学的主要研究对象，设置工具坐标系的主要目的是在任务编程中快速调整和查看机器人 TCP 位姿，并准确记忆机器人 TCP 的运动轨迹。根据运动过程中 TCP移动与否，可将机器人工具坐标系划分为移动工具坐标系和静止工具坐标系两种。顾名思义，移动工具坐标系在机器人执行任务过程中会跟随机器人末端执行器一起运动，如机器人弧焊作业时 TCP 设置在焊丝端头。静止工具坐标系是参照静止工具而不是运动的机器人末端执行器，如机器人搬运工件至固定焊钳位置进行点焊作业，此时机器人 TCP 宜设置在焊钳静臂的前端。

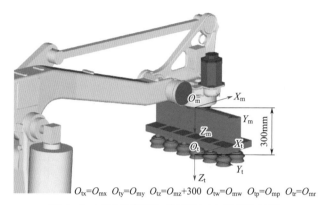

$O_{tx}=O_{mx}$ $O_{ty}=O_{my}$ $O_{tz}=O_{mz}+300$ $O_{tw}=O_{mw}$ $O_{tp}=O_{mp}$ $O_{tr}=O_{mr}$

图 4-1　工具坐标系与机械接口坐标系的关联

同为直角坐标系，工业机器人本体轴在工具坐标系中的运动基本仍为多轴联动，且能够实现绕坐标系原点（O_t）定点转动。与机械接口坐标系相似，工具坐标系的原点位置和坐标轴方向在机器人执行任务过程中通常是变化的，见表 4-2。工具坐标系适用于点动工业机器人沿工具所指方向移动或绕工具中心点（TCP）定点转动，以及工具横向摆动和运动轨迹平移等场合。

表 4-2　机器人本体轴在工具坐标系中的运动特点（以 FANUC 机器人为例）

运动类型		轴名称	动作示例	运动类型	轴名称	动作示例
移动	沿 X 轴移动	X 轴		移动	沿 Z 轴移动	Z 轴	
	沿 Y 轴移动	Y 轴		转动	绕 X 轴转动	W 轴	

续表

运动类型	轴名称	动作示例	运动类型	轴名称	动作示例
转动	绕 Y 轴转动	P 轴	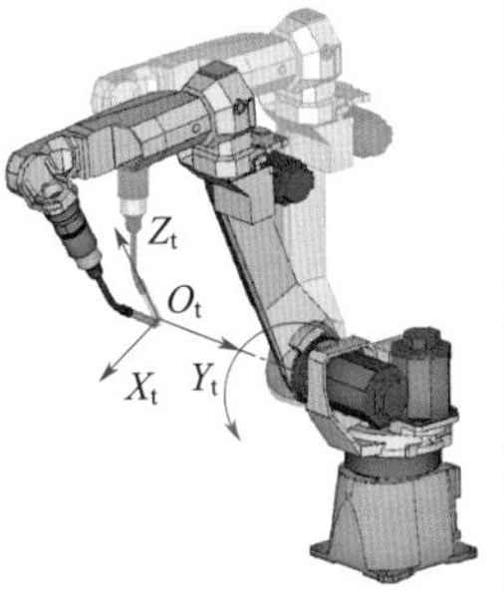	转动	绕 Z 轴转动	R 轴	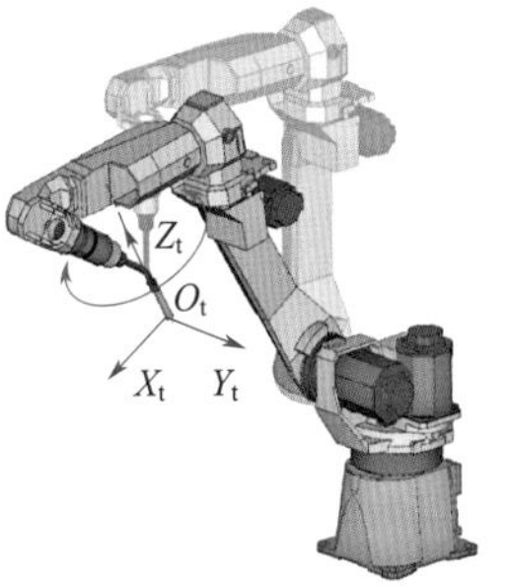

机器人工具坐标系的原点和坐标轴方向始终同机械接口（法兰）保持绝对的位姿关系，随机器人运动而变化。

点拨

4.1.3　工具坐标系的设置方法

工业机器人通过在其手腕末端（机械法兰）安装不同类型的末端执行器来执行多样化任务。那么，在任务编程过程中如何方便快捷地调整机器人末端执行器位姿？机器人执行作业时，又如何安全携带末端执行器沿指令（规划）路径精确运动？

（1）**设置缘由**　工业机器人运动控制的关键点是工具中心点（TCP）或工具坐标系的原点（O_t）。那么，在不正确设置工具坐标系的情况下，工业机器人的示教与再现将会遇到哪些棘手问题？下面通过表 4-3 中描述的三个场景，阐明机器人工具坐标系的设置理由。

表 4-3　机器人工具坐标系的设置缘由

场景	场景描述	场景示例	
		设置前	设置后
任务示教	在机器人任务示教过程中，当工具坐标系尚未设置或参数丢失而未正确设置时，机器人末端执行器作业姿态的调整无法通过绕 TCP 定点转动快捷实现	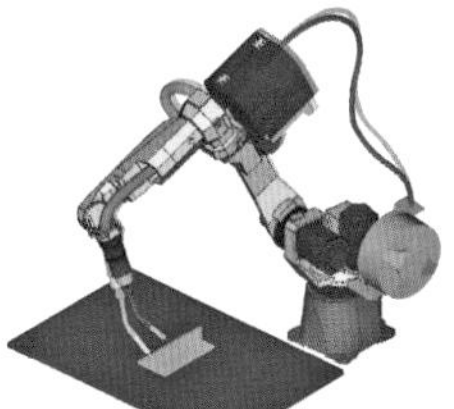 绕默认工具坐标系 Y_t 轴转动， 无法实现定点调姿（重定向）	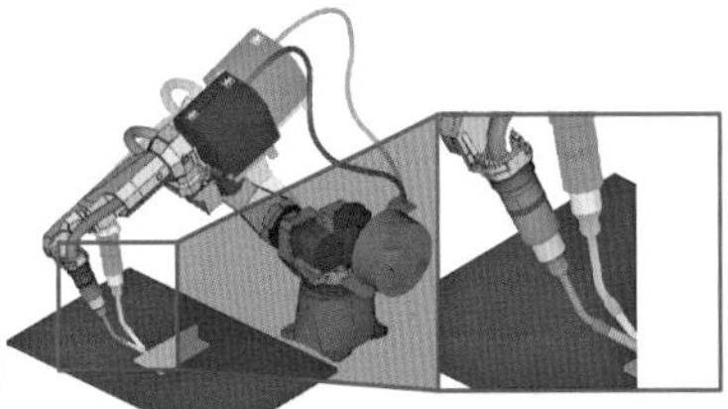 绕工具坐标系 Y_t 轴转动， 可以实现定点调姿（重定向）

续表

场景	场景描述	场景示例	
		设置前	设置后
程序测试	当机器人执行任务程序时,若遇到末端执行器更换而工具坐标系参数不变,以及工具坐标系参数未正确设置等情况,此时极易发生机器人末端执行器与工件碰撞、动作不可达等现象而导致停机	更换机器人焊枪,但 TCP 保持不变,实到位姿存在偏差	调整换枪后的 TCP 参数,实到位姿与指令位姿一致
视觉导引	当利用机器视觉进行寻位、跟踪等自适应作业时,倘若机器人工具坐标系参数尚未正确设置,机器人视觉导引纠偏容易导致末端执行器与工件发生碰撞,以及动作不可达等现象	机器人 TCP 参数设置不准确,视觉寻位存在偏差	机器人 TCP 参数设置准确,视觉寻位精度高

（2）设置方法　面对丰富的机器人上下料、码垛、焊接、涂胶等"机器人+"应用场景,在机器人运动轨迹示教过程中经常需要不断调整末端执行器的姿态,此时精准的工具执行点(工具坐标系的原点)和坐标轴方向是高效完成调姿的基本保证。换而言之,机器人工具坐标系的设置除要求重定义坐标系的原点(O_t)外,很多场景还要求同时重定义坐标系的原点(O_t)和坐标轴的方向($+X_t$、$+Y_t$、$+Z_t$)。目前,常用的机器人工具坐标系手动设置方法包括三点(接触)法、六点(接触)法和直接输入法三种,见表 4-4。

表 4-4　常用的机器人工具坐标系手动设置方法

序号	设置方法	方法要领	重定义要素	适用场景
1	三点(接触)法	点动机器人以三种不同的手臂(腕)姿态指向并接触同一外部(尖端)参照点	工具坐标系的原点(O_t)	机器人搬运、机器人上下料、机器人码垛等
2	六点(接触)法	点动机器人以三种不同的手臂(腕)姿态指向并接触同一外部(尖端)参照点,同时点动机器人以同一外部(尖端)参照点为基准重定义坐标轴方向	工具坐标系的原点(O_t)和坐标轴方向($+X_t$、$+Y_t$、$+Z_t$)	机器人焊接、机器人涂胶、机器人磨抛等
3	直接输入法	在工具坐标系(详细)参数配置界面,依次输入相对机械接口坐标系的原点偏移量和坐标轴方向偏转量	工具坐标系的原点(O_t)或/和坐标轴方向($+X_t$、$+Y_t$、$+Z_t$)	批量调试或已知机器人末端执行器的几何尺寸等

注:针对某些场合,机器人现场工程师可以先采用三点(接触)法或六点(接触)法重定义工具坐标系,然后再利用直接输入法修正系统自动生成的坐标系偏移(偏转)数据,以获得良好的坐标系设置精度。

　　由表 4-4 可见，三点（接触）法和六点（接触）法设置工具坐标系的基本原则是：点动机器人以若干不同的手臂（腕）姿态指向并接触同一外部（尖端）参照点。不过，不同品牌的机器人工具坐标系设置过程略有差异。以 FANUC 机器人为例，当采用六点（接触）法设置机器人工具坐标系时，现场工程师需要操控机器人以三种不同的手臂（腕）姿态指向并接触同一外部尖端点（如销针），同时重定义工具坐标系的 X 轴起点、X 轴方向点和 Z 轴（或 Y 轴）方向点，如图 4-2 所示。机器人控制系统基于上述六点位姿信息，自动计算生成新的工具坐标系的原点（O_t）和坐标轴方向（$+X_t$、$+Y_t$、$+Z_t$）。

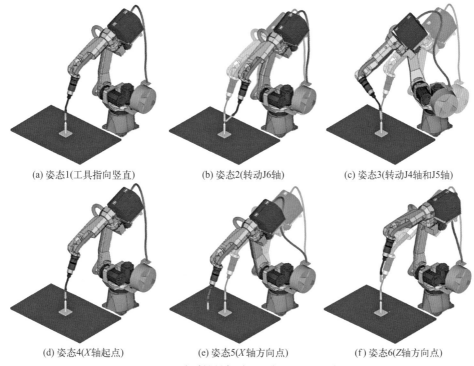

(a) 姿态1(工具指向竖直)　　　　(b) 姿态2(转动J6轴)　　　　(c) 姿态3(转动J4轴和J5轴)

(d) 姿态4(X轴起点)　　　　(e) 姿态5(X轴方向点)　　　　(f) 姿态6(Z轴方向点)

图 4-2　六点（接触）法设置机器人工具坐标系

　　待系统自动生成机器人工具坐标系参数后，现场工程师应根据机器人应用领域的工艺要求，通过绕外部（尖端）参照点转动检验工具坐标系原点（O_t）的精度，以及定向移动检验坐标轴方向（$+X_t$、$+Y_t$、$+Z_t$）的精度，如图 4-3 所示。

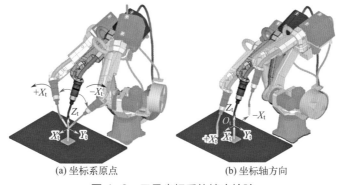

(a) 坐标系原点　　　　　　　(b) 坐标轴方向

图 4-3　工具坐标系的精度检验

点拨

针对机器人弧焊应用场景，在绕 X 轴、Y 轴、Z 轴定点转动过程中，若焊丝端头与基准点的偏离在焊丝直径以内，表明工具坐标系的设置精度满足弧焊工艺需求，否则须重新设置。

4.1.4 工具坐标系指令

工业机器人运动指令的位置坐标数据是现场工程师任务编程时所选工具坐标相对工件（用户）坐标的机器人工具中心点（TCP）空间位姿，此指令要素内涵通过机器人搬运、上下料和码垛任务编程读者已获得深刻认知。也就是说，对于已完成的机器人任务程序，当程序中使用的工具坐标系或工件（用户）坐标系参数被修改，机器人执行任务过程中将发生意想不到的结果，如碰撞、动作不可达等。因此，为提高任务程序的可靠性，通常应在程序初始化部分调用机器人工具坐标系指令（序列），包括工具坐标系设置指令和选择指令，实现机器人坐标系参数的生成和坐标系编号的切换，见表 4-5。机器人工具坐标系指令的编辑方法请扫描目录页二维码查阅。

表 4-5　常见的机器人工具坐标系指令及功能

序号	坐标系指令	指令功能	指令示例（FANUC）
1	工具坐标系设置指令	改变所指定的工具坐标系号码的工具坐标系参数，该功能与三点（接触）法、六点（接触）法和直接输入法相同	格式： UTOOL [工具坐标系号码]=PR [位置寄存器号码] 示例： PR [100]=LPOS PR [100]=PR [100] - PR [100] PR [100，1]=192 PR [100，3]=164 UTOOL [1]=PR [100] // 将位置寄存器 PR[100] 中存储的坐标系原点偏移量赋值给编号为 1 的工具坐标系
2	工具坐标系选择指令	改变当前所选的工具坐标系号码	格式： UTOOL_NUM= 工具坐标系号码（1 ～ 10） 示例： UTOOL_NUM=1 J　P[1]　80%　FINE J　P[2]　30%　CNT10　//参考点 L　P[3]　50cm/min　FINE　//抓取点 L　P[2]　50cm/min　CNT10　//参考点 UTOOL_NUM=2 J　P[4]　80%　FINE J　P[5]　30%　CNT10　//参考点 L　P[6]　50cm/min　FINE　//释放点 L　P[5]　50cm/min　CNT10　//参考点 // 切换工具编号完成机器人上下料作业

注：在任务编程过程中，若采用工具坐标系指令（序列）自动设置机器人工具坐标系参数和切换工具坐标系编号，现场工程师须先测试运行工具坐标系指令（序列），方可进行机器人运动轨迹编程。

典型案例

机器人工具坐标系设置

使用工业机器人执行任务，须在其机械接口安装末端执行器。此时，机器人的运动学控制点或工具执行点（工具中心点，TCP）将发生变化。默认情况下，机器人 TCP 与工具坐标系的原点（O_t）重合，位于机器人手腕末端的机械法兰中心处（与机械接口坐标系的原点 O_m 重合）。为提高工具姿态调整的便捷性和保证机器人运动轨迹的精度，当更换末端执行器或因碰撞而导致末端执行器及其关键部件发生变形时，现场工程师应重新设置机器人运动学的研究对象——工具坐标系。

本案例要求采用六点（接触）法设置焊接机器人工具坐标系，如图 4-4 所示。在此过程中，通过点动机器人在机械接口坐标系和工具坐标系中运动，认知机器人系统运动轴在上述点动坐标系中的运动特点和调姿规律，明晰两者的内在关联及区别，为后续机器人焊接等工具姿态调姿和运动轨迹编程奠定基础。

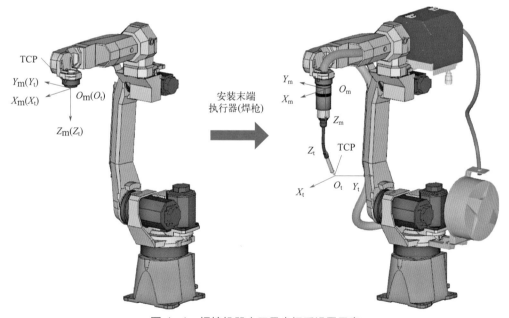

图 4-4　焊接机器人工具坐标系设置示意

策略分析：完整的焊接机器人工具坐标系设置过程包括坐标系参数计算（或输入）、坐标系编号选择和坐标系精度检验三个步骤，具体流程如图 4-5 所示。其中，工具坐标系参数计算是通过记忆同一外部（尖端）参照点的三种不同手臂（腕）姿态，以及坐标系的 X 轴起点、X 轴方向点和 Z 轴方向点，如图 4-2 所示。待新设置的坐标系参数计算生成及编号选择完毕，现场工程师可以从坐标系原点（O_t）和坐标轴方向（$+X_t$、$+Y_t$、$+Z_t$）两个方面分别检验机器人工具坐标系的设置精度，如图 4-3 所示。

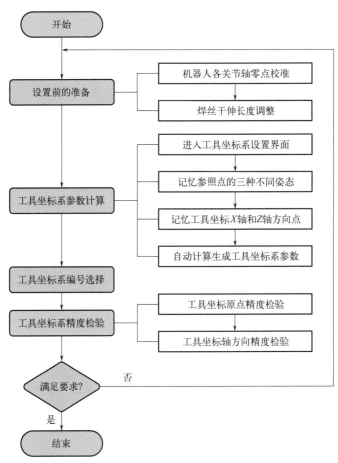

图4-5　六点（接触）法设置焊接机器人工具坐标系的流程

场景延伸

　　一焊件之端面与另一焊件表面构成直角或近似直角的接头，称之为T形接头。T形接头是建筑、桥梁、船舶等钢结构焊接制造最为常见的接头形式之一。根据焊缝所处位置或承受载荷大小，T形接头包括I形坡口角焊缝（非承载焊缝）和单边V形、J形、K形、双J形对接焊缝（承载焊缝）两种。

　　尝试使用典型案例中设置的工具坐标系点动机器人，模仿T形接头角焊缝（I形坡口，对称焊接）线状焊道运动轨迹编程时的机器人焊枪位姿调整，如图4-6所示。在点动机器人过程中，要求机器人作业时的焊枪姿态保持行进角❶$\alpha=65°\sim80°$、工作角❷$\beta=45°$，如图4-7所示。

---

❶ 行进角：在焊枪（喷嘴）轴线与焊接方向所在平面内，焊枪（喷嘴）轴线与焊缝中心线所成的锐角称为行进角。通常情况下，平（角）焊、船形焊的行进角为$65°\sim80°$，向上立（角）焊的行进角为$60°\sim80°$。

❷ 工作角：焊枪（喷嘴）轴线与工件表面所成的角称为工作角。通常情况下，角焊缝工作角为$45°$，对接焊缝工作角为$90°$。

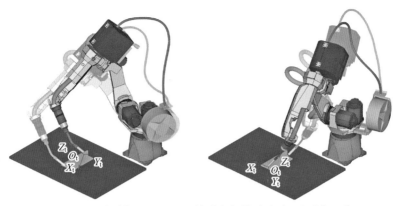

图 4-6　点动机器人沿 T 形接头角焊缝移动（工具坐标系）

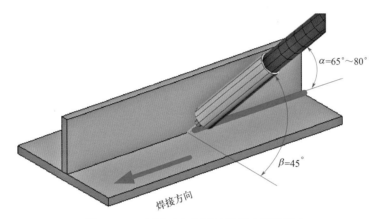

图 4-7　T 形接头角焊缝的机器人焊枪姿态

4.2　机器人工件坐标系

 知识讲解

4.2.1　机座坐标系

　　机座坐标系（base coordinate system，BCS）是在工业机器人机座上的直角坐标系。作为常见的工业机器人点动坐标系之一，各品牌机器人的机座坐标系的原点有所不同，但坐标轴方向基本相同。绝大多数品牌的工业机器人制造商将机器人本体第一根轴的轴线与机座安装面的交点定义为机座坐标系的原点（O_b），仅极少部分的制造商（如日本 FANUC）将机器人本体第一根轴的轴线与第二轴的轴线所在水平面的交点定义为原点（O_b）。在标准配置的工业机器人系统（落地式安装）中：当现场工程师站在机器人（零位）正前方点动机器人朝向自身一方移动时，机器人工具中心点（TCP）将沿 X 轴方向（$+X_b$）运动；向自身右侧移动时，机器人 TCP 将沿 Y 轴方向（$+Y_b$）运动；向身高方向运动时，机器人 TCP 将沿 Z 轴方向（$+Z_b$）运动；绕坐标系各轴的顺时针或逆时针转动，可以通过右手定则确定。

机座坐标系是机器人制造商开展机器人运动学研究的参考对象。通过研究工具坐标系（或机械接口坐标系）与机座坐标系间的坐标变换关系，让机器人的工作空间或动作可达性具有可预测性。同为直角坐标系，工业机器人本体轴在机座坐标系中的运动基本为多轴联动，且能够实现绕工具中心点（TCP）定点转动。与机械接口坐标系和工具坐标系截然不同的是，机座坐标系的原点位置和坐标轴方向在机器人运动过程中是恒定不变的，见表 4-6。机座坐标系适用于点动工业机器人在笛卡儿空间移动且机器人工具姿态保持不变，以及绕工具中心点（TCP）定点转动的场合。

表 4-6　机器人本体轴在机座坐标系中的运动特点（以 FANUC 机器人为例）

运动类型	轴名称	动作示例	运动类型	轴名称	动作示例
移动	沿 X 轴移动 / X 轴		转动	绕 X 轴转动 / W 轴	
	沿 Y 轴移动 / Y 轴			绕 Y 轴转动 / P 轴	
	沿 Z 轴移动 / Z 轴			绕 Z 轴转动 / R 轴	

4.2.2　工件坐标系

工件坐标系（object coordinate system，OCS）是机器人现场工程师参照作业对象并相对机座坐标系（BCS）自定义的三维空间正交坐标系，又称用户坐标系。也就是说，工件坐标系的原点（O_j）和坐标轴方向（$+X_j$、$+Y_j$、$+Z_j$）的设置是相对机座坐标系的原点（O_b）和坐标轴方向（$+X_b$、$+Y_b$、$+Z_b$）。在未设置前，工件坐标系与机座坐标系重合。一般系统允许机器人现场工程师设置 5 ～ 10 套工件坐标系，但每次仅能激活其中的一套工件坐标系来点动机器人或记忆工具中心点（TCP）位姿。

作为机器人运动学的（延伸）参考对象，设置工件坐标系的主要目的是在任务编程中快速调整和查看机器人 TCP 位姿。虽然机器人任务程序中（目标）指令位姿存储的是工具坐标系相对工件坐标系的机器人 TCP 位姿，但在执行任务程序时，系统会根据工件坐标系相对机座坐标系的坐标变换原理，自动换算为工具坐标系相对机座坐标系的 TCP 位姿。同在机座坐标系中的运动规律相似，点动机器人本体轴在工件坐标系中的运动基本为多轴联动，且能够实现绕工具中心点（TCP）定点转动调整工具姿态，见表 4-7。工件坐标系适用于点动工业机器人沿作业路径（平行）移动或绕路径点定点转动，以及运动轨迹平移和镜像等高级任务编程场合。

表 4-7　机器人本体轴在工件坐标系中的运动特点（以 FANUC 机器人为例）

运动类型	轴名称	动作示例	运动类型	轴名称	动作示例
移动	沿 X 轴移动	X 轴		绕 X 轴转动	W 轴	
	沿 Y 轴移动	Y 轴	转动	绕 Y 轴转动	P 轴	
	沿 Z 轴移动	Z 轴		绕 Z 轴转动	R 轴	

4.2.3　工件坐标系的设置方法

在实际任务编程或工艺调试过程中，工件坐标系作为参考坐标系，方便调整或查阅机器人工具中心点（TCP）的位姿，确定工件、托盘和带式输送机等倾斜方向，便于平行工件移动或平行台面抓取（或释放）等作业。与机器人工具坐标系设置方法近似，现场工程师可以采用三点（接触）法、四点（接触）法和直接输入法手动设置机器人工件坐标系，见表 4-8。

表 4-8　常用的机器人工件坐标系手动设置方法

序号	设置方法	方法要领	重定义要素	适用场景
1	三点（接触）法	参照作业对象，依次点动机器人移至坐标系原点、X 轴方向点和 Y 轴方向点	工件坐标系的原点（O_j）和坐标轴方向（$+X_j$、$+Y_j$、$+Z_j$）	作业对象空间满足坐标轴方向定义对机器人移动距离要求
2	四点（接触）法	参照作业对象，依次点动机器人移至坐标系原点、X 轴起点、X 轴方向点和 Y 轴方向点	工件坐标系的原点（O_j）和坐标轴方向（$+X_j$、$+Y_j$、$+Z_j$）	作业对象空间受限，无法满足坐标轴方向定义对机器人移动距离要求等
3	直接输入法	在工件坐标系（详细）参数配置界面，依次输入相对机座坐标系的原点偏移量和坐标轴方向偏转量		批量调试或已知机器人末端执行器的几何尺寸等

注：设置工件坐标系前，机器人现场工程师应首先精确设置机器人工具坐标系。

由表 4-8 可见，三点（接触）法和四点（接触）法设置工件坐标系的基本原则是：点动机器人以相同的工具指向依次接触坐标系的原点、X 轴方向点和 Y 轴方向点等。不过，不同品牌的机器人工件坐标系设置过程略有差异。以 FANUC 机器人为例，当采用三点（接触）法设置机器人工件坐标系时，现场工程师需要操控机器人以相同的工具指向（如竖直向下），重定义工件坐标系的原点、X 轴方向点和 Y 轴方向点，如图 4-8 所示。机器人控制系统基于上述三点位姿信息，自动计算生成新的工件坐标系的原点（O_j）和坐标轴方向（$+X_j$、$+Y_j$、$+Z_j$）。

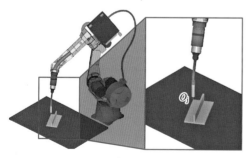
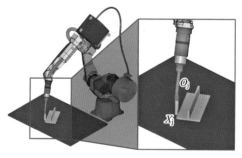

(a) 坐标系原点　　　　　　　　　　　　　(b) X 轴方向点

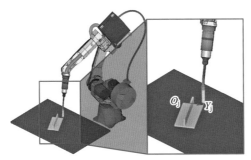

(c) Y 轴方向点

图 4-8　三点（接触）法设置机器人工件坐标系

待系统自动生成机器人工件坐标系参数后，现场工程师应根据机器人应用领域的工艺要求，通过定向移动检验坐标轴方向（$+X_j$、$+Y_j$、$+Z_j$）的精度，如图 4-9 所示。

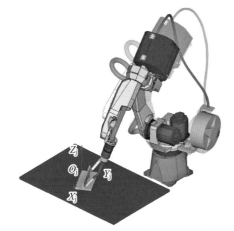

图 4-9　工件坐标系的精度检验（坐标轴方向）

点拨

与三点（接触）法依次接触工件坐标系的原点、X 轴方向点和 Y 轴方向点略有不同，四点（接触）法需要逐次接触工件坐标系的原点、X 轴起点、X 轴方向点和 Y 轴方向点，具体点位信息如图 4-10 所示。

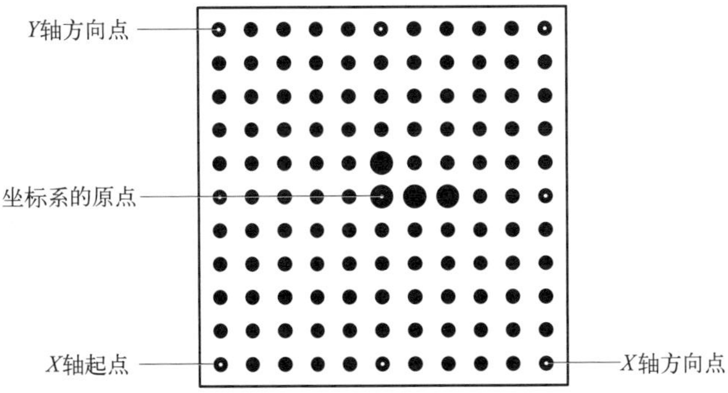

Y 轴方向点 ——

坐标系的原点 ——

X 轴起点 —— 　　　　　　　　　　—— X 轴方向点

图 4-10　四点（接触）法设置机器人工件坐标系

4.2.4　工件坐标系指令

同工件坐标系指令的调用类似，为提高机器人任务程序的可靠性，通常应在程序初始化部分调用机器人工件坐标系指令（序列），包括工件坐标系设置指令和选择指令，实现机器人工件坐标系参数的生成和坐标系编号的切换，见表 4-9。机器人工件坐标系指令的编辑方法请扫描目录页二维码查阅。

表 4-9　常见的机器人工件（用户）坐标系指令及功能

序号	坐标系指令	指令功能	指令示例（FANUC）
1	工件（用户）坐标系设置指令	改变所指定的工件（用户）坐标系号码的工件（用户）坐标系参数，该功能与三点（接触）法、四点（接触）法和直接输入法相同	格式： UFRAME [工件（用户）坐标系号码]=PR [位置寄存器号码] 示例： PR [100]=LPOS PR [100]=PR [100] - PR [100] PR [100，1]=192 PR [100，3]=164 UFRAME [1]=PR [100] // 将位置寄存器 PR[100] 中存储的坐标系原点偏移量赋值给编号为 1 的工件（用户）坐标系
2	工件（用户）坐标系选择指令	改变当前所选的工件（用户）坐标系号码	格式： UFRAME_NUM= 工具坐标系号码（0 ～ 9） 示例： UFRAME_NUM=1 J　P[1]　80%　FINE J　P[2]　30%　CNT10　//参考点 L　P[3]　50cm/min　FINE　//抓取点 L　P[2]　50cm/min　CNT10　//参考点 UFRAME_NUM=2 J　P[4]　80%　FINE J　P[5]　30%　CNT10　//参考点 L　P[6]　50cm/min　FINE　//释放点 L　P[5]　50cm/min　CNT10　//参考点 // 切换工件（用户）编号完成机器人上下料作业

注：在任务编程过程中，若采用工件坐标系指令（序列）自动设置机器人工件坐标系参数和切换工件坐标系编号，现场工程师须先测试运行工件坐标系指令（序列），方可进行机器人运动轨迹编程。

 **典型案例**

机器人工件坐标系设置

在许多自动化生产线上，物料输送装置的作业面并非与地面平行，如提升机等，此时机器人分拣、码垛作业调姿比较费时。在一些大型结构件加工制造中，工件的作业路径并非与机座坐标系的坐标轴方向平行，此时机器人焊接、涂装作业运动轨迹编程同样较为费时……面对上述诸多"机器人+"应用场景，为提高机器人任务编程的效率，现场工程师可以重新设置机器人运动学的参考对象——工件坐标系。

　　本案例要求采用三点（接触）法设置焊接机器人工件坐标系，如图 4-11 所示。在此过程中，通过点动机器人在机座坐标系和工件坐标系中运动，认知机器人系统运动轴在上述点动坐标系中的运动特点和调姿规律，明晰两者的内在关联及区别，为后续机器人视觉导引上下料等高级任务编程奠定基础。

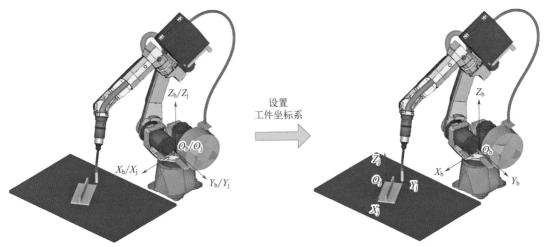

图 4-11　焊接机器人工件坐标系设置示意

　　策略分析：完整的机器人工件坐标系设置过程同样包括坐标系参数计算（或输入）、坐标系编号选择和坐标指向精度检验三个步骤，具体流程如图 4-12 所示。其中，工件坐标

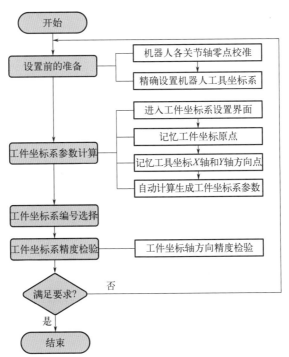

图 4-12　三点（接触）法设置机器人工件坐标系流程

系参数计算是通过记忆坐标系的原点、X轴方向点和Y轴方向点，如图4-8所示。待坐标系参数计算及其编号选择完毕，应从工件坐标系的坐标轴指向检验其设置精度，如图4-9所示。需要提醒的是，在开始设置工件坐标系前，须首先精确设置机器人工具坐标系。

场景延伸

尝试使用典型案例中设置的工件坐标系点动机器人，模仿T形接头角焊缝（I形坡口，对称焊接）线状焊道运动轨迹编程时的机器人焊枪位姿调整，如图4-13所示。在点动机器人过程中，要求机器人作业时的焊枪姿态保持为行进角$\alpha=65°\sim80°$、工作角$\beta=45°$，如图4-7所示。

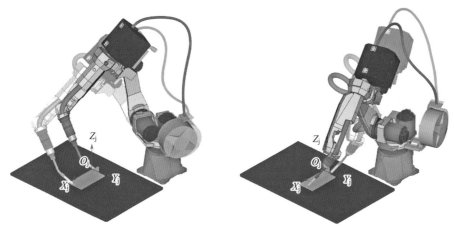

图4-13　点动机器人沿T形接头角焊缝移动（工件坐标系）

本章小结

除关节坐标系外，其他常见的工业机器人点动坐标系均为直角坐标系。不同直角坐标系的区别在于坐标系的原点、坐标轴的方向以及随机器人运动的时变性。

工具坐标系的原点和坐标轴方向始终保持与机械接口（法兰）的绝对位姿关系，随机器人运动而变化。工件坐标系的原点和坐标轴方向始终保持与机座坐标的绝对位姿关系，但不随机器人运动而变化。

机器人工具、工件坐标系设置大致分为坐标系参数计算（或输入）、坐标系编号选择和坐标系精度检验三步，建议调用机器人坐标系指令自动设置坐标系参数及切换坐标系编号。

拓展阅读

机器人视觉系统坐标系

在信息技术、材料技术和传感技术等多种技术融合创新驱动下，机器人愈加智能和

灵活，机器人能力边界持续拓展，从感知智能向认知智能、从智能单机向智能系统加速演进。机器视觉被誉为智能制造的"智慧之眼"，为智能制造打开新的"视"界，是实现工业自动化和智能化的必要手段，在识别、测量、引导、检测等场景中具有极高的应用价值。伴随机器视觉技术的发展与成熟，机器人对于复杂外界环境的感知能力大幅提升，处理实际问题的自主性、稳定性和可靠性大幅提高。例如，国内某知名机器人龙头公司将机器视觉与协作机器人相结合，通过深度学习算法对多传感器收集到的信息进行有效处理和融合，精准提取不同鞋型的边缘轮廓，为协作机器人鞋底涂胶作业提供稳定持续的 3D 视觉柔性化定位，实现不同鞋型的在线混流智能生产。

　　将视觉传感器集成到工业机器人系统后，其环境感知信息并不能直接被机器人使用，这是因为机器人（操作机）与视觉系统处于不同的"度量衡"下。机器人（操作机）是在三维物理空间运动，它的位置坐标以长度或角度为单位。视觉系统（相机）捕获的是目标在二维图像空间的位置，其位置坐标以像素为单位。通俗来讲，假设目标既处于视觉系统的左侧，又位于机器人（操作机）的右侧，那么当视觉系统告知机器人（操作机）向左移动寻找目标时，势必出错。因此，在机器人系统调用视觉数据之前，须先建立机器人（操作机）与视觉系统间的内在关联，即机器人手眼标定。

　　机器人手眼标定的本质是两个坐标系之间转换关系的标定。假设现有两个坐标系 robot 和 camera，并且已知对应的几个固定点 P 在两个坐标系中的位置 $^{robot}P$ 和 $^{camera}P$。那么，根据坐标系转换公式可以得到

$$^{robot}\boldsymbol{P}=^{robot}\boldsymbol{T}_{camera}\ ^{camera}\boldsymbol{P} \tag{4-1}$$

　　式中，$^{robot}\boldsymbol{T}_{camera}$ 为相机到机器人的转换矩阵；$^{robot}\boldsymbol{P}$ 和 $^{camera}\boldsymbol{P}$ 为补 1 后的"齐次坐标"$[x,\ y,\ z,\ 1]^T$。不难看出，式（4-1）相当于一个 N 元一次方程，只要点 P 的个数大于求解的转换矩阵维度且这些点线性不相关，便可通过伪逆矩阵计算得到变换矩阵 $^{robot}\boldsymbol{T}_{camera}$，即

$$^{robot}\boldsymbol{T}_{camera}=^{robot}\boldsymbol{P}(^{camera}\boldsymbol{P})^{-1} \tag{4-2}$$

　　待获得坐标变换矩阵 $^{robot}\boldsymbol{T}_{camera}$ 后，在机器人视觉系统实际应用中，当相机识别到目标在图像中的像素位置，通过标定的坐标变换矩阵 $^{robot}\boldsymbol{T}_{camera}$ 将相机的像素坐标转换至机器人的空间坐标中，然后根据机器人运动学模型计算各关节轴如何运动，从而控制机器人自适应到达位置作业。

　　当然，上述坐标变换矩阵 $^{robot}\boldsymbol{T}_{camera}$ 视工业相机安装方式而略有不同。当采用固定式（相机放置在固定位置，眼在手外，eye-to-hand）时，如图 4-14（a）所示，坐标变换矩阵为相机到机器人工件坐标系（或机座坐标系）的固定转换矩阵 $^{object}\boldsymbol{T}_{camera}$。当采用外置式（相机固定在机器人末端，眼在手上，eye-in-hand）时，如图 4-14（b）所示，坐标变换矩阵变为相机到机器人工具坐标系的转换矩阵 $^{tool}\boldsymbol{T}_{camera}$。

　　综上所述，机器人手眼标定所涉及的坐标系包括机座坐标系、工具坐标系、工件坐标系、相机坐标系、图像坐标系和像素坐标系，见表 4-10。固定式机器人手眼标定的坐标变换过程是从机座坐标系（$O_bX_bY_bZ_b$）变换到工件坐标系（$O_jX_jY_jZ_j$，3D → 3D），再从工件坐标系（$O_jX_jY_jZ_j$）刚体变换到相机坐标系（$O_cX_cY_cZ_c$，3D → 3D），接着从相机坐标系（$O_cX_cY_cZ_c$）透射投影到图像坐标系（$O_fX_fY_f$，3D → 2D），最后从图像坐标系（$O_fX_fY_f$）仿射变换到像素坐标系（OUV，2D → 2D）。外置式机器人手眼标定的坐标变换过程是

从机座坐标系（$O_b X_b Y_b Z_b$）变换到工具坐标系（$O_t X_t Y_t Z_t$，3D → 3D），再从工具坐标系（$O_t X_t Y_t Z_t$）刚体变换到相机坐标系（$O_c X_c Y_c Z_c$，3D → 3D），接着从相机坐标系（$O_c X_c Y_c Z_c$）透射投影到图像坐标系（$O_f X_f Y_f$，3D → 2D），最后从图像坐标系（$O_f X_f Y_f$）仿射变换到像素坐标系（OUV，2D → 2D）。

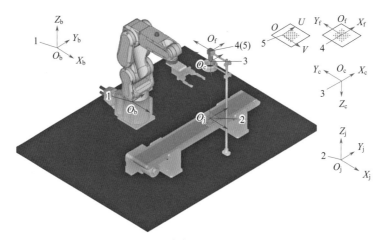

(a) 固定式(eye-to-hand)

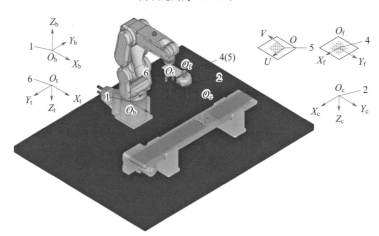

(b) 外置式(eye-in-hand)

图 4-14 工业机器人视觉系统坐标系示意

1—机座坐标系（$O_b X_b Y_b Z_b$）；2—工件坐标系（$O_j X_j Y_j Z_j$）；3—相机坐标系（$O_c X_c Y_c Z_c$）；
4—图像坐标系（$O_f X_f Y_f$）；5—像素坐标系（OUV）；6—工具坐标系（$O_t X_t Y_t Z_t$）

表 4-10 常见的工业机器人手眼标定坐标系

序号	坐标系名称	坐标系描述
1	机座坐标系 $O_b X_b Y_b Z_b$	俗称基坐标系，它是参照机座安装面所定义的坐标系。机座坐标系的原点 O_b 由机器人制造商规定，一般将机器人本体第 1 根轴的轴线与机座安装面的交点定义为原点。$+Z_b$ 轴的方向垂直于机器人安装面，指向其机械结构方向。$+X_b$ 轴的方向由原点开始指向机器人工作空间中心点在机座安装面上的投影，通常为机座尾部电缆进入方向。$+Y_b$ 轴的方向按右手定则确定

续表

序号	坐标系名称	坐标系描述
2	工具坐标系 $O_t X_t Y_t Z_t$	参照安装在机械接口上的末端执行器的坐标系，相对于机械接口坐标系而定义。工具坐标系的原点 O_t 是工具中心点（TCP）。$+Z_t$ 轴的方向与工具相关，通常是工具的指向。用户设置前，工具坐标系与机械接口坐标系的原点和坐标轴方向重合
3	工件坐标系 $O_j X_j Y_j Z_j$	俗称用户坐标系，参照某一工件定义的坐标系，相对于机座坐标系而定义。用户设置前，工件坐标系与机座坐标系的原点和坐标轴方向完全重合
4	相机坐标系 $O_c X_c Y_c Z_c$	相机坐标系的原点 O_c 通常位于相机的光心，也就是所有视线的交点。从这个原点出发，向右、上、前三个方向延伸的向量就是相机坐标系的基向量，分别对应 $+X_c$ 轴、$+Y_c$ 轴和 $+Z_c$ 轴
5	图像坐标系 $O_f X_f Y_f$	图像坐标系的原点 O_f 通常位于图像的中心，也就是成像的几何中心。$+X_f$ 轴的指向与图像平面平行，指向图像的右侧。$+Y_f$ 轴的指向与图像平面平行，指向图像的前方
6	像素坐标系 OUV	像素坐标系的原点 O 通常位于图像的左上角。U 轴的指向从图像的左上角向右，即水平向右。V 轴的指向从图像的左上角向下，即垂直向下

 知识测评

一、填空题

1. _____坐标系是参照机器人本体末端机械接口而定义的笛卡儿坐标系。

2. 采用六点（接触）法设置机器人工件坐标系，同时重定义坐标系的_____和_____。

3. 工件坐标系是机器人现场工程师参照作业对象并相对机座坐标系自定义的三维空间正交坐标系，又称_____。

4. 为提高任务程序的可靠性，现场工程师可以调用_____指令和_____指令，实现机器人坐标系参数的生成和坐标系编号的切换。

5. 在未设置前，机器人工件坐标系与_____重合。

二、选择题

1. 常用的机器人工具坐标系设置方法包括（　　　　）。
①三点（接触）法；②六点（接触）法；③直接输入法；④调用坐标系指令
A. ①②③　　　　　B. ①②③④　　　　　C. ②③④　　　　　D. ①③

2. 工业机器人本体轴在工具坐标系中的运动特点有（　　　　）。
①多轴联动；②绕坐标系原点定点转动；③各关节运动轴单轴转动
A. ①②③　　　　　B. ①②　　　　　C. ②③　　　　　D. ①③

三、判断题

1. 机座坐标系的原点位置和坐标轴方向在机器人运动过程中是变化的。（　　　　）

2. 工具坐标系是机器人现场工程师参照机械接口坐标系而定义的三维空间正交坐标系。（　　）

3. 作为机器人运动学的主要研究对象，设置工具坐标系的主要目的是在任务编程中快速调整和查看机器人工具中心点（TCP）位姿，并准确记忆机器人 TCP 的运动轨迹。（　　）

4. 三点（接触）法设置工件坐标系的基本原则是：点动机器人以若干不同的手臂（腕）姿态指向并接触同一外部（尖端）参照点。（　　）

5. 机座坐标系适用于点动工业机器人在笛卡儿空间移动且机器人工具姿态保持不变，以及绕机器人 TCP 定点转动的场合。（　　）

第 5 章

行稳致远，机器人焊接任务编程

焊接是我国"强基"工程中的基础工艺之一，标志着国家的工业技术水平，支撑国家建设及国防安全，不可替代。《中国制造 2025》重点发展十大领域中，九个领域与焊接密切相关。近年来，随着社会经济的向上发展，年轻一代逐渐"逃离"工作强度大、作业环境差的职业岗位，企业面临着焊工老龄化、劳动力短缺等问题，迫切需要更为自动化、柔性化、智能化的"机器代人"解决方案，以实现提质、降本、增效和提高市场竞争力。

本章通过介绍机器人平焊和平角焊两大典型任务编程，助力学生认知气体保护电弧焊的基本原理，熟悉机器人焊接动作次序及工艺指令，明晰机器人焊接参数对焊缝成形质量的影响，深化对机器人运动轨迹、动作次序和工艺条件编程的理解。

 ## 学习目标

素养提升
① 描述焊接工艺流程、动作次序和参数设置，欣赏焊接美学，明确技术规范，体会焊接工作的精益求精，养成严谨求学、不言放弃的坚韧品格，培养学生对焊工技术人才的职业敬仰，引导学生树立正确的职业观。
② 交流智能焊接机器人在珠海双子楼、上海中心大厦等楼宇建设工程中的重要作用，感受人工焊接与机器焊接技术的发展变革，强化学生用发展的眼光看待事物发展，鼓励学生学以致用，知行合一，投身于机器人行业的创新发展。

知识学习
① 能够阐明气体保护电弧焊原理，并列举关键焊接参数及调节方法。
② 能够说明机器人焊接动作次序和焊接参数配置的原则，并举例说明常见的机器人焊接缺陷及调控对策。
③ 能够界定焊缝的形状尺寸参数内涵，规划直线、曲线焊缝的机器人运动路径和焊枪姿态。

技能训练
① 能够调用焊接工艺指令完成机器人平焊、平角焊的作业动作次序和工艺条件编程。
② 能够根据焊缝的形状尺寸参数要求和常见焊接缺陷调控对策优化机器人焊接参数。
③ 能够手动调节焊接机器人系统的保护气体流量和焊丝干伸长度。

学习导图

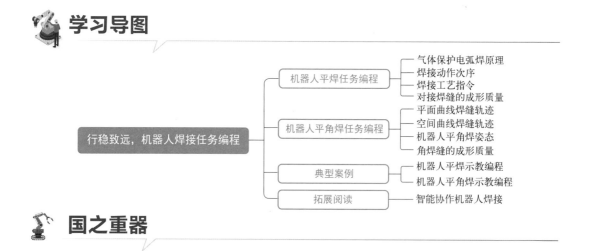

国之重器

焊接机器人：超级工程之中国楼宇工程的"加工师"

　　楼宇建设为人民群众提供空间，促进经济发展，推动社会进步。随着城市的发展，高楼大厦等建设工程逐渐成为衡量国家建造能力的重要领域。高空焊接工作也成为建造工程师的头等难题，而智能焊接机器人的出现恰逢其时。

　　上海中心大厦，位于上海浦东最繁华的核心商务区，是上海市的一座巨型高层地标式摩天大楼，其高度达 632 米。上海中心大厦不仅以高度闻名，它特有的空中庭院更是引人注目。在上海中心大厦建设工程中，从未大规模使用的双层玻璃幕墙设计，以及支撑材料的焊接工作对工程师提出了新的挑战。智能焊接机器人能够快速、高效、精准地进行焊接工作，减少了人工操作的时间和成本，同时也提高了工程质量。在建设上海中心大厦的过程中，智能焊接机器人承担了大量的焊接任务，包括厚钢板、异形结构等复杂焊接工作。通过先进的传感器和控制系统，智能焊接机器人能够实现自动定位、跟踪、调整等操作，确保焊接质量和效率。

　　珠海双子楼，位于珠海横琴区，毗邻通往澳门的莲花大桥，楼高分别为 273 米和 284 米，建成后，将成为珠海高度第一的双子楼。两座塔楼顶部模仿了龙首的形状，均呈圆角正方形，并朝东南、西北两个对角外扩，犹如双龙对立，龙首亦是眼睛之所在，两侧楼顶都设计了大型观景平台，能将横琴岛的美景尽收眼底。建造两栋建筑，像造两束光，越往上，施工难度越大。这些现实问题，在智能焊接机器人出现后迎刃而解。它们的效率是人工的 3 倍，还可以代替人工完成高空、高危的风险作业。智能焊接机器人采用激光技术精准确定焊缝，通过激光扫描确定焊缝的宽度、深度、精度，以对众多微小参数的把控确保焊接的效果，筑牢安全防线的丝丝缕缕。智能焊接机器人采用了先进的传感器和控制系统，能够实现自动定位、跟踪、调整等操作，确保焊接质量和效率，能够适应不同的工作环境和需求，通过编程和调整，可以快速切换不同的焊接工艺和参数，实现多样化的焊接操作。在楼宇建设中，焊接是关键的工艺环节之一，涉及钢结构、钢筋混凝土等结构的连接和固定。智能焊接机器人的应用能够提高焊接精度和稳定性，减少人为因素对焊接质量的影响，从而确保整个楼宇的结构安全和质量，助力高楼建设的安全保障。

　　随着城市化进程的加速发展和人们对生活品质要求的提高，楼宇建设的需求将持续增长。未来，楼宇建设将朝着智能化、绿色化、人性化的方向发展，以满足人们更高的居住和工作需求。建筑与科技同行，未来智能机器人的自主研发和技术迭代，将在楼宇建设工程中发挥重要作用，科技的不断进步和智能焊接机器人应用范围的扩大，将进一步助力中国制造业的繁荣发展。

"万丈高楼平地起"。楼宇建设中蕴含着筑牢知识基础、夯实技术本领的深刻内涵。焊接工作规范流程中精益求精的客观要求，激励我们严谨求学、越挫越勇，不断弘扬工匠精神。中国基建离不开科技发展，离不开技术支撑，致敬每一位坚守岗位的焊工，是他们的辛勤劳动和经验总结提供了宝贵的科技数据支撑与技术支持。未来，中国楼宇建设工程定会更上一层楼！

参考资料——《超级工程·上海中心大厦》《大国建造·铸造荣耀》

5.1　机器人平焊任务编程

 知识讲解

5.1.1　气体保护电弧焊原理

焊接是一种以加热、高温或者高压的方式接合金属或其他热塑性材料的制造工艺及技术。根据工艺过程的特点，焊接可分为熔焊、压焊和钎焊三大类。其中，熔焊是将待焊处的母材金属熔化以形成焊缝[1]的焊接方法，如气焊、电弧焊、激光焊等。在焊接热源作用下，当被焊金属加热至熔化状态形成熔池时，原子之间可以充分扩散和紧密接触，冷却凝固后可形成牢固的焊接接头。根据热源种类的不同，电弧焊又可分为焊条电弧焊、埋弧焊和气体保护电弧焊等。目前气体保护电弧焊的应用最广。

气体保护电弧焊是用外加气体作为电弧介质并保护电弧和焊接区的电弧焊，包括熔化极气体保护焊（GMAW）和非熔化极气体保护焊（GTAW）两种。熔化极气体保护焊通过采用连续送进可熔化的焊丝与焊件之间的电弧作为热源来熔化焊丝和母材，形成熔池和焊缝，如图 5-1 所示。为获得质量优良的焊缝并保证焊接过程的稳定性，须利用外加气体（如 CO_2、Ar、Ar80%+$CO_2$20% 等）作为电弧介质，避免熔滴、熔池和焊接区金属受到周围空气的不利影响。

焊接作为工业"裁缝"，是工业生产中非常重要的加工手段，但由于焊接烟尘、弧光、金属飞溅的存在，焊接的工作环境又非常恶劣，导致焊接领域缺工现象十分严重，尤其是缺乏高质量的焊工，而焊接质量又直接决定着产品质量。在此背景下，焊接机器人以其高一致性、高效率和节省成本在航空航天、重型结构、海洋工程等现代制造领域得到广泛的应用，如图 5-2 所示。从世界范围来看，工业机器人用于焊接领域已占到总数的 50% 以上。

工业机器人在焊接领域的应用，可以看作是工艺系统和执行系统的集成与创新。以图 5-3 所示的气体保护电弧焊机器人系统为例，工艺系统包括以焊接电源、送丝机构和气

---

[1] 焊缝（weld）是指焊件经焊接后所形成的结合部分。

路装置（储气瓶）为核心的工艺设备，执行系统包括以操作机和机器人焊枪（含防碰撞传感器）为核心的执行设备。整套气体保护电弧焊机器人系统的关键焊接参数包括焊接电流（或送丝速度）、电弧电压、焊接速度、焊丝干伸长度和保护气体流量等。

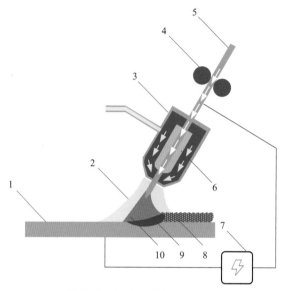

图 5-1　气体保护电弧焊原理

1—焊件（母材）；2—保护气体；3—喷嘴（机器人焊枪）；4—送丝机构；5—焊丝；

6—导电嘴（机器人焊枪）；7—焊接电源；8—焊缝；9—熔池；10—焊接电弧

图 5-2　气体保护电弧焊机器人

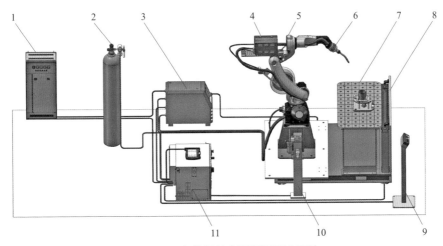

图 5-3　气体保护电弧焊机器人系统

1—外部电源；2—气路装置（储气瓶）；3—焊接电源；4—送丝机构；5—操作机；

6—机器人焊枪（含防碰撞传感器）；7—焊接工作台（或焊接变位机）；8—自动升降遮光屏；

9—外部操作盒；10—自动清枪器；11—控制器（含示教盒）

（1）焊丝干伸长度　干伸长度是指焊丝从导电嘴端部到工件表面的距离，而不是从喷嘴端部到工件的距离。保持焊丝干伸长度不变是保证弧长稳定和焊接过程稳定性的重要因素之一。干伸长度过长，气体保护效果不佳，易产生气孔，引弧性能变差，电弧不稳，飞溅增大。反之，干伸长度过短，喷嘴易被飞溅物堵塞，焊丝易与导电嘴黏连。对于不同直径、不同电流、不同材料的焊丝，允许使用的焊丝干伸长度是不同的。熔化极气体保护电弧焊的干伸长度 L 经验公式为：当焊接电流 $I \leqslant 300A$ 时，$L=（10 \sim 15）\phi$（mm）；当焊接电流 $I > 300A$ 时，$L=（10 \sim 15）\phi+5mm$。式中，ϕ 为焊丝直径，单位为 mm。现场工程师可以通过机器人系统焊接工艺软件中的"送丝·检气"功能手动调整焊丝干伸长度，如图 5-4 所示。

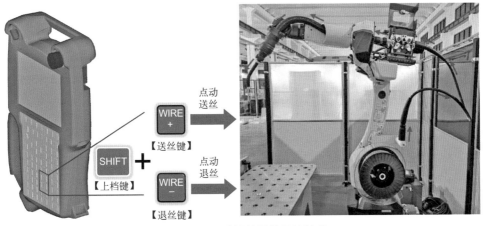

图 5-4　手动调整焊丝干伸长度

（2）保护气体流量　保护气体的种类及其气体流量大小是影响焊接质量的重要因素之一。常见的气体保护电弧焊的保护气体有一元气体、二元混合气体和三元混合气体等，如纯二氧化碳（CO_2）、纯氩气（Ar）、Ar+CO_2 等。实际焊接时，保护气体从焊枪喷嘴吹出，驱赶电弧区的空气，并在电弧区形成连续封闭的气层，使焊接电弧、熔滴和熔池与周围空气隔绝。保护气体的流量越大，驱赶空气的能力越强，保护层抵抗流动空气的影响的能力越强。但是，流量过大时，会使空气形成紊流，并将空气卷入保护层，反而降低保护效果。通常根据喷嘴形状、焊丝干伸长度等调整保护气体流量。表 5-1 是喷嘴直径为 20mm 时的保护气体流量设置参考值。当喷嘴口径变小时，保护气体流量随之降低。同手动调节焊丝干伸长度类似，现场工程师可以通过机器人系统焊接工艺软件中的"送丝·检气"功能手动调节保护气体流量，如图 5-5 所示。

表 5-1　喷嘴直径为 20mm 时熔化极气体保护焊的保护气体流量

焊丝干伸长度 /mm	CO_2 气体流量 / (L/min)	富氩气体流量 / (L/min)
$8 \sim 15$	$10 \sim 20$	$15 \sim 25$
$12 \sim 20$	$15 \sim 25$	$20 \sim 30$
$15 \sim 25$	$20 \sim 30$	$25 \sim 30$

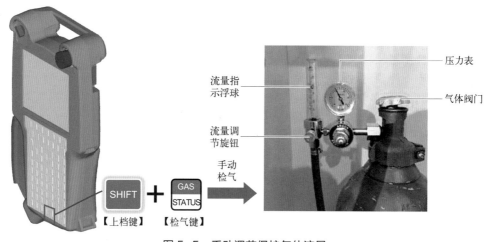

图 5-5　手动调节保护气体流量

（3）**焊接电流**　焊接电流是焊接时流经焊接回路的电流，是影响焊接质量和效率的重要因素之一。通常根据待焊工件的板厚、材料类别、坡口形式、焊接位置、焊丝直径和焊接速度等参数适配合理的焊接电流。对于熔化极气体保护焊而言，调节焊接电流的实质是调整送丝速度，如图 5-6 所示。同一规格的焊丝，焊接电流越大，送丝速度越快。焊接电流相同，焊丝的直径越细，送丝速度越快。此外，每一规格的焊丝都有其允许的焊接电流范围，见表 5-2。

（4）**电弧电压**　电弧电压是电弧两端（两电极）之间的电压，其与焊接电流匹配与否直接影响焊接过程稳定性和最终焊接质量。通常电弧电压越高，焊接热量越大，焊丝熔化速度越快，焊接电流也越大。换而言之，电弧电压应与焊接电流相匹配，即保证送丝速度与电弧电压对焊丝的熔化能力一致，利于实现弧长稳定控制。待焊接电流设置后，可以根据经验公式计算适配的电弧电压 $U_{电弧}$：当焊接电流 $I \leqslant 300A$ 时，$U_{电弧} = 0.04I + 16 \pm 1.5$

（V）；当焊接电流 $I > 300A$ 时，$U_{电弧}=0.04I+20\pm2.0$（V）。电弧电压偏高时，弧长变长，焊接飞溅颗粒变大，焊接过程发出"啪嗒、啪嗒"声，易产生气孔，焊缝变宽，熔深和余高变小。反之，电弧电压偏低时，弧长变短，焊丝插入熔池，飞溅增加，焊接过程发出"嘭、嘭、嘭"声，焊缝变窄，熔深和余高变大。

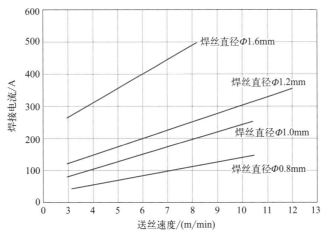

图 5-6　焊接电流与送丝速度的关系

表 5-2　不同直径实心钢焊丝所适用的焊接电流

焊丝直径 /mm	焊接电流 /A	适用板厚 /mm
0.8	50 ～ 150	0.8 ～ 2.3
1.0	90 ～ 250	1.2 ～ 6.0
1.2	120 ～ 350	2.0 ～ 10
1.6	> 300	> 6.0

点拨

电弧电压等于焊接电源输出电压减去焊接回路的损耗电压，可表示为 $U_{电弧}=U_{输出}-U_{损}$。损耗电压是指焊枪电缆延长所带来的电压损失，此时可以参考表 5-3 中的数值调整焊接电源的输出电压。

表 5-3　焊接电源输出电压微调整参考　　　　　单位：V

电缆长度 /m	焊接电流 /A				
	100	200	300	400	500
10	1	1.5	1	1.5	2
15	1	2.5	2	2.5	3
20	1.5	3	2.5	3	4
25	2	4	3	4	5

（5）焊接速度　焊接速度是单位时间内完成的焊缝长度，是影响焊接质量和效率的又一重要因素。当焊接电流一定时，焊接速度的选择应保证单位时间内焊缝获得足够的热量。焊接热量的计算公式：$Q_{热量}=I^2Rt$。式中，I 为焊接电流，R 为电弧及焊丝干伸长度的等效电阻，t 为焊接时间。显然，在相同的焊接热量条件下，存在两种可选择的焊接规范：一种是硬规范，即大电流、短时间（或快焊速）；另一种是小电流、长时间（或慢焊速）。实际生产偏向硬规范的选择，利于提高焊接效率。相比而言，焊接速度越快，单位长度焊缝的焊接时间越短，其获得的热量越少。对于熔化极气体保护焊而言，机器人焊接速度的参考范围为 30 ~ 60cm/min。焊接速度过快时，易产生气孔，焊道变窄，熔深和余高变小。

点拨　　　焊接电流、电弧电压和焊接速度等焊接参数的配置原则：在焊接起始点配置焊接电流和电弧电压；在焊接结束点配置焊接速度、收弧电流、收弧电压和弧坑处理时间。收弧电流略小，通常设置为焊接电流的 60% ~ 80%。合理配置弧坑处理时间可以避免收弧处出现热裂纹及缩孔，参考范围为 0.5 ~ 1.5s。

焊接电流、电弧电压和焊接速度等焊接参数的配置方法有调用焊接数据库（编号）和直接输入焊接参数两种。当通过调用焊接数据库（编号）间接配置参数时，需要提前创建焊接数据库并录入焊接规范。

5.1.2　焊接动作次序

焊接机器人种类繁多，其系统组成也因待焊工件的材质、接头形式、几何尺寸和工艺方法等不同而各不相同。综合来看，焊接机器人（执行系统）和焊接系统（工艺系统）是整套机器人系统的两大核心组成。为提供多样化的集成选择，机器人制造商和焊接电源制造商都开发支持主流通信的硬件接口，有效保证机器人控制器与焊接电源之间可以通过模拟量、现场总线（如 DeviceNet）和工业以太网（如 EtherNet/IP）等方式进行通信。针对机器人气体保护电弧焊场景，焊接电源一般选择四步工作模式❶，其工作过程可划分为提前吹气、引弧、焊接、弧坑处理、焊丝回烧、熔敷检测和滞后停止吹气等九个阶段，动作时序如图 5-7 所示。具体过程如下：

① 当机器人减速停止在焊接起始点指令位姿时，机器人控制器向焊接电源发出焊接开始信号，保护气路接通，进入提前吹气阶段（T1）。

② 提前吹气结束后，进入引弧阶段，此阶段焊接电源输出空载电压，送丝机构开始慢送丝，直至焊丝与工件接触（T2，取决于焊丝端部距离工件的距离和慢送丝速度）。

③ 接触引弧成功（T3）后，焊接电源进入正常焊接状态，同时会产生引弧成功信号并传输给机器人控制器，机器人加速移向下一目标指令位姿，并根据实际需要调整或不调整焊接参数，整个焊接过程焊接电源会按照机器人控制器配置的参数输出电压和送丝（T4）。

④ 当焊接完成时，机器人减速停止在焊接结束点指令位姿，向焊接电源发出结束请求，焊接电源根据配置的收弧参数填充弧坑（T5，取决于弧坑处理时间）。

⑤ 待弧坑处理完毕，焊接电源根据设置的回烧时间（T6）自动完成焊丝回烧，随后

---

❶ 焊接电源的二步工作模式指的是按住焊枪开关开始焊接，松开开关停止焊接，适用于半自动焊接。四步工作模式是指按下焊枪开关开始焊接，松开开关继续焊接，再按下开关再松开，停止焊接，适用于焊接小车或焊接机器人等全自动焊接。

机器人控制器发出焊丝熔敷状态检测信号（T7、T8），确认是否发生粘丝。

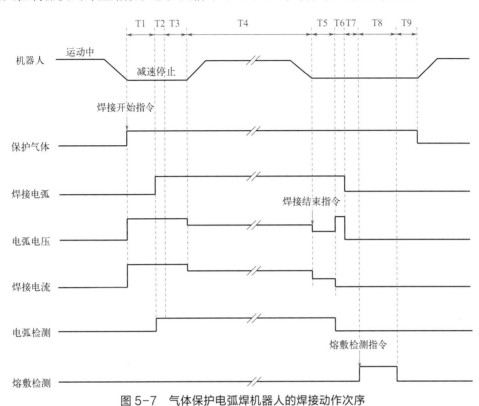

图 5-7 气体保护电弧焊机器人的焊接动作次序

T1—提前吹气时间；T2—电弧检测；T3—引弧时间；T4—焊接时间；T5—弧坑处理时间；T6—焊丝回烧时间；T7—熔敷检测延迟时间；T8—熔敷检测时间；T9—滞后停止吹气时间

⑥ 粘丝检测结束后，系统进入滞后停止吹气阶段，当预先设置的滞后吹气时间（T9）到，整个焊接过程结束。

点拨　　焊接动作次序的配置通常采用调用焊接数据库（编号）方法。不过，在调用焊接数据库（编号）间接配置焊接动作次序前，现场工程师需要提前创建焊接数据库并录入相关焊接动作次序参数，如提前吹气时间、滞后停止吹气时间等。

5.1.3 焊接工艺指令

机器人工艺指令是对机器人作业开始和作业结束等控制以及作业工艺条件设置的相关指令，视细分应用领域而不同。焊接工艺指令是指定机器人何时、如何进行焊接的指令，包含焊接开始指令（Weld Start）、焊接结束指令（Weld End）和焊接速度指令（WELD_SPEED）等。当执行焊接开始指令和焊接结束指令之间的运动指令语句序列时，机器人进行连续焊接作业。常见的机器人焊接工艺指令的功能、格式及示例见表 5-4。机器人焊接工艺指令的编辑方法请扫描目录页二维码查阅。

表 5-4　常见的机器人焊接工艺指令及功能

序号	焊接工艺指令	指令功能	指令示例（FANUC）

1	焊接开始指令	指定机器人按照预设的动作次序和焊接条件引弧作业。其中，焊接规范有两种指令格式：一是调用焊接数据库（编号）；二是直接输入焊接参数	格式一：
			调用焊接数据库（编号）
			Weld Start [焊接数据库编号，焊接参数表编号]
			示例：
			Weld Start [1，1]
			// 按照编号为 1 的焊接数据库中预设的动作次序和编号为 1 的焊接参数表记录的焊接规范进行引弧作业
			格式二：
			直接输入焊接参数
			Weld Start [焊接数据库编号，电弧电压，焊接电流]
			示例：
			Weld Start [1，16.4V，120A]
			// 按照焊接电流为 120A，电弧电压为 16.4V 的焊接规范，以及编号为 1 的焊接数据中预设的动作次序引弧作业

2	焊接结束指令	指定机器人按照预设的动作次序和焊接条件收弧作业。其中，焊接结束规范有两种指令格式：一是调用焊接数据库（编号）；二是直接输入焊接参数	格式一：
			调用焊接数据库（编号）
			Weld End [焊接数据库编号，焊接参数表编号]
			示例：
			Weld End [1，2]
			// 按照编号为 1 的焊接数据库中预设的动作次序和编号为 2 的焊接参数表记录的焊接规范进行收弧作业
			格式二：
			直接输入焊接参数
			Weld End [焊接数据库编号，电弧电压，焊接电流]
			示例：
			Weld End [1，16.2V，100A]
			// 按照收弧电流为 100A，收弧电压为 16.2V 的结束规范，以及编号为 1 的焊接数据中预设的动作次序收弧作业，弧坑不做处理

3	焊接速度指令	指定焊接作业区间的机器人焊枪运动速度	示例： L　P[4]　WELD_SPEED　FINE // 调用焊接数据库中的焊接速度参数

　　注：1. 当焊接开始指令和焊接结束指令序列存在于同一任务程序内时才可发挥指令功能。

　　2. 除采用焊接速度指令指定焊接区间的机器人焊枪运动速度外，现场工程师也可以采用直接输入法设置运动指令语句（序列）中的运动速度参数。

　　以图 5-8 所示的直线（焊接）运动轨迹为例，指令位姿 P[2] 为直线轨迹起点、P[3] 为焊接起始点、P[4] 为焊接结束点、P[5] 为直线轨迹终点，P[2] → P[5] 为直线轨迹区间，共分为 P[2] → P[3] 焊前区间段、P[3] → P[4] 焊接区间段和 P[4] → P[5] 焊后区间段。机器人完成直线焊缝施焊作业的任务程序如图 5-9 所示。其中，第 4 ～ 5 行程序指令语句序列的功能是：机器人携带焊枪采用 Weld Start 指令指定的焊接开始规范，从指令位置 P[3]

成功引弧后，按照预设的焊接速度线性移向目标点 P[4]，并在此位置点减速收弧停止，收弧规范由 Weld End 指令指定。

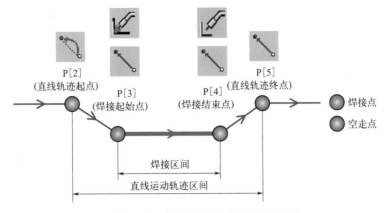

图 5-8 直线（焊接）运动轨迹示意

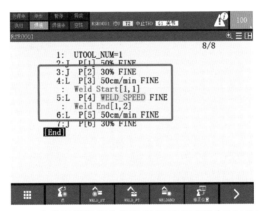

图 5-9 直线焊缝机器人焊接任务程序示例（FANUC）

点拨

当机器人运动速度通过"WELD_SPEED"指令指定时，焊接区间指令位姿采用焊接数据库中预设的焊接速度，否则与参考点相同，即由运动指令语句中的运动速度参数指定。

针对焊接区间，机器人焊接动作次序和工艺条件编程相互融通。

5.1.4 对接焊缝的成形质量

根据结合形式不同，焊缝可分为对接焊缝、角焊缝、塞焊缝、槽焊缝和端接焊缝五种。其中，对接焊缝是在焊件的坡口面间或一零件的坡口面与另一零件表面间焊接的焊缝。作为极具代表性的一种焊缝，它是各种焊接结构中采用最多，也是最完善的一种焊缝，具有受力好、强度大和节省材料的特点。对接焊缝的形状尺寸参数主要包括焊缝宽度、余高和熔深等，见表 5-5。

表 5-5　对接焊缝的形状尺寸参数

形状参数	参数说明	参数示例
焊缝宽度	焊缝表面两焊趾之间的距离。建议控制在坡口上表面宽度 105%～120%	
余高	超出母材表面连线上面的那部分焊缝金属的最大高度。建议单面焊正面余高控制在 3mm 以内，背面余高控制在 1.5mm 以内	
熔深	在焊接接头横截面上，母材或前道焊缝熔化的深度。建议母材熔深控制在 0.5～1.0mm，焊道层间熔深控制在 3.0～4.0mm	

注：焊趾是焊缝表面与母材交界处。

　　机器人焊接具有质量稳定、一致性好等优点，但是若机器人运动轨迹准度和焊接参数适配不合理时，将会出现气孔、咬边、焊瘤和烧穿等外观缺陷。表 5-6 是常见的机器人对接焊缝外观缺陷原因分析及调控方法。

表 5-6　常见的机器人对接焊缝外观缺陷原因分析及调控方法

类别	外观特征	产生原因	调控方法	缺陷示例
成形差	焊缝两侧附着大量焊接飞溅，焊缝宽度及余高的一致性差，焊道断续	①导电嘴磨损严重，焊丝指向弯曲，焊接过程中电弧跳动。②焊丝干伸长度过长，焊接电弧燃烧不稳定。③焊接参数选择不当，导致焊接过程飞溅量大，熔深大小不一	①更换导电嘴和送丝压轮，校直焊丝。②调节焊丝干伸长度。③调节并适配焊接电流、电弧电压和焊接速度	
未焊透	接头根部未完全熔透	①焊接电流过小，焊接速度太快，焊接热输入偏小，导致坡口根部无法受热熔化。②坡口间隙偏小，钝边偏厚，导致接头根部很难熔透	①调节并适配焊接电流（送丝速度）和焊接速度。②调整坡口角度及钝边	

续表

类别	外观特征	产生原因	调控方法	缺陷示例
未熔合	焊道与母材之间或焊道与焊道之间，未完全熔化结合	①焊接电流过小，焊接速度太快，焊接热输入偏小，导致坡口或焊道受热熔化不足。②焊接电弧作用位置不当，母材未熔化时已被液态熔覆金属覆盖	①调节并适配焊接电流（送丝速度）和焊接速度。②修正机器人运动轨迹，调整电弧作用位置	未熔合
咬边	沿焊趾的母材部位产生沟槽或凹陷，呈撕咬状	①焊接电流太大，焊缝边缘的母材熔化后未得到熔敷金属的充分填充。②焊接电弧过长	①调节并适配焊接电流（送丝速度）和焊接速度。②调节焊丝干伸长度	咬边
气孔	焊缝表面有密集或分散的小孔，大小、分布不等	①母材表面污染，受热分解产生的气体未及时排出。②保护气体覆盖不足，导致焊接熔池与空气接触发生反应。③焊缝金属冷却过快，导致气体来不及逸出	①焊前清理焊接区域的油污、油漆、铁锈、水或镀锌层等。②调节保护气体流量、焊丝干伸长度和焊枪姿态。③调节焊接速度	气孔
焊瘤	熔化金属流淌到焊缝外未熔化的母材上所形成的金属瘤	熔池温度过高，冷却凝固较慢，液态金属因自重产生下坠	调节并适配焊接电流（送丝速度）和焊接速度	焊瘤
凹坑	焊后在焊缝表面或背面，形成低于母材表面的局部低洼	①接头根部间隙偏大，钝边偏薄，熔池体积较大，液态金属因自重产生下坠。②焊接电流偏大，熔池温度高、冷却慢，导致熔池金属重力增加而表面张力减小	①调整接头根部间隙和坡口钝边。②调节焊接电流（送丝速度）	凹坑
下塌	单面熔化焊时，焊缝正面塌陷、背面凸起	①焊接电流偏大，焊缝金属过量透过背面。②焊接速度偏慢，热量在小区域聚集，熔覆金属过多而下坠	①调节焊接电流（送丝速度）。②调节焊接速度或焊枪姿态	下塌
烧穿	熔化金属自坡口背面流出，形成穿孔	①焊接电流过大，热量过高，熔深超过板厚。②焊接速度过慢，热量小区域聚集，烧穿母材	①调节焊接电流（送丝速度）。②调节焊接速度	烧穿

续表

类别	外观特征	产生原因	调控方法	缺陷示例
热裂纹	焊接过程中在焊缝和热影响区产生焊接裂纹	①焊丝含硫量较高，焊接时形成低熔点杂质。②焊接头拘束不当，冷却凝固的焊缝金属沿晶粒边界拉开。③收弧电流不合理，产生弧坑裂纹	①选择含硫量较低的焊丝。②采用合适的接头工装卡具及拘束力。③优化收弧电流，必要时采取预热和缓冷措施	热裂纹
焊接变形	焊件由焊接而产生的角变形、弯曲变形等	①工件固定不牢，受焊接残余应力作用而变形。②焊接顺序不当，导致焊接应力集中而变形。③焊接接头设计不合理	①采用反变形法或工装卡具刚性固定。②调整焊接顺序。③优化接头设计及焊接参数	焊接变形

点拨

　　机器人焊枪指向（或姿态）对焊缝成形、飞溅大小和气体保护效果等有着重要影响。熔化极气体保护焊机器人携带焊枪可以采取左焊法和右焊法两种方式，如图 5-10 所示。左焊法（前进焊或后倾焊）指焊接热源从接头右端向左端移动，并指向待焊部分的操作方法。由于焊接电弧大部分作用在熔池上，该方式具有熔深浅、焊道宽的特点，而且现场工程师从焊接电弧一侧呈 45°～70°视角易于观察焊接电弧和熔池。右焊法（后退焊或前倾焊）指焊接热源从接头左端向右端移动，并指向已焊部分的操作方法，具有熔深大、焊道窄的特点。该方式下机器人焊枪容易阻挡现场工程师的视线，难以观察焊接电弧和熔池变化情况。机器人左焊法和右焊法的适用对象见表 5-7。

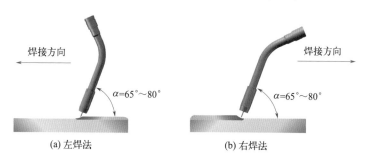

(a) 左焊法　　　　　　　　(b) 右焊法

图 5-10　机器人左焊法和右焊法示意

表 5-7　机器人左焊法和右焊法的适用对象

适用对象	焊接方式	
	左焊法	右焊法
薄　板	适合，熔深浅且焊缝较平	不适合，熔深大、易烧穿
中厚板	不适合，熔深浅，无法保证焊透	适合，能够保证良好的熔深

典型案例

机器人平焊示教编程

　　两焊件表面构成 135°～ 180°夹角的接头称为对接接头。从力学角度看，对接接头是较为理想的接头形式，其受力状况较好，应力集中较小，能承受较大的静载荷和动载荷，是焊接结构中常用的一种接头形式。根据板材厚度、焊接方法和坡口形式的不同，对接接头分为不开坡口（Ⅰ形，板厚≤3mm）对接接头和开坡口（如 V 形、X 形、U 形等，板厚＞3mm）对接接头两种类型。

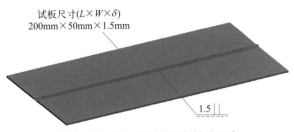

试板尺寸($L \times W \times \delta$)
200mm×50mm×1.5mm

1.5

图 5-11　板 - 板对接平焊接头示意

　　本案例要求使用富氩气体（如 Ar80%+CO_2 20%）、直径为 1.0 mm 的 ER50-6 实心焊丝和六自由度焊接机器人，完成尺寸为 200mm×50mm×1.5mm 的两块碳钢试板（如 Q235）的板 - 板对接机器人平焊，单面焊双面成形，焊缝美观饱满，余高≤1.5mm，焊接变形控制合理，如图 5-11 所示。

　　策略分析：板 - 板对接机器人平焊作业的运动轨迹编程较为容易，与本书第 2 章的机器人搬运示教编程类似。使用机器人完成两块（碳钢）试板的平焊对接一般需要五个目标指令位姿。其中，机器人原点（指令位置 1）应设置在远离作业对象（待焊工件）的可动区域的安全位置。焊接起始参考点（指令位置 2）和焊接结束参考点（指令位置 5）应设置在临近焊接作业区间，且便于调整焊枪姿态的安全位置。机器人平焊作业的运动规划如图 5-12 所示。各指令位姿用途见表 5-8，其姿态示意如图 5-13 所示。

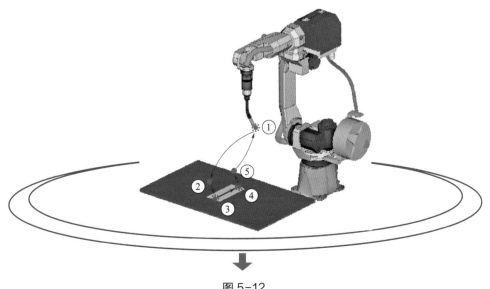

图 5-12

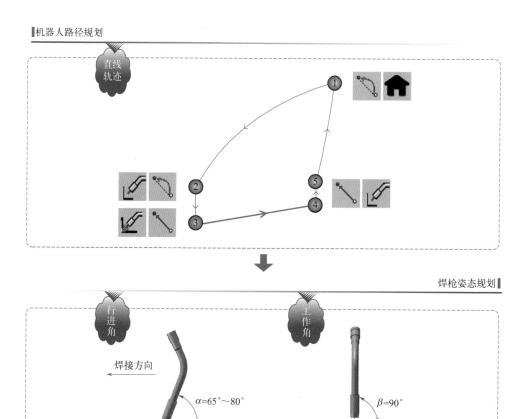

图 5-12　机器人平焊作业的运动规划

表 5-8　机器人平焊作业的指令位姿

指令位姿	备　注	指令位姿	备　注	指令位姿	备　注
①	原点（HOME）	③	焊接起始点	⑤	焊接结束参考点
②	焊接起始参考点	④	焊接结束点	—	—

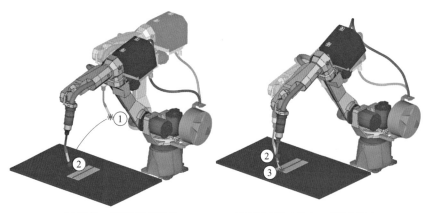

(a) 原点→焊接起始参考点　　　　(b) 焊接起始参考点→焊接起始点

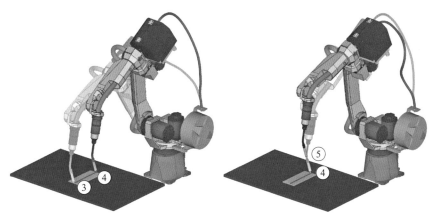

(c) 焊接起始点→焊接结束点　　　　　(d) 焊接结束点→焊接结束参考点

图 5-13　机器人平焊指令位姿示意

　　机器人平焊作业的动作次序和工艺条件编程可以通过弧焊软件的"焊接导航"功能生成参考规范，焊接结束规范（收弧电流）为参考规范的 80% 左右，焊接开始和焊接结束动作次序保持默认。经单步程序验证和连续测试运转无误后，方可进行板 - 板对接接头机器人平焊的再现施焊和工艺调试，直至焊缝外观成形达到质量要求，如图 5-14 所示。

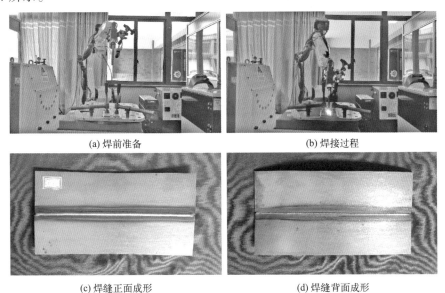

(a) 焊前准备　　　　　　　　　　　(b) 焊接过程

(c) 焊缝正面成形　　　　　　　　　(d) 焊缝背面成形

图 5-14　机器人平焊作业效果

场景延伸

　　中厚板❶ 在工程机械、矿山机械、煤炭机械、建筑钢结构和海洋工程装备等领域应用

❶ 中厚板是指厚度为 4.5 ～ 25.0mm 的钢板，厚度 25.0 ～ 100.0mm 的称为厚板，厚度超过 100.0mm 的为特厚板。

广泛。随着国内大型项目的陆续开展，如南水北调、西气东输、高铁和高速公路等开工，对装备制造的需求越来越多。中厚板焊接自动化是实现我国装备制造业由大到强转变的基石，是装备制造业由粗放型、作坊式的经营模式向高技术、集约型转变的重要标志。以图 5-15 所示厚度为 8mm 的板 - 板 T 形角接接头为例，机器人携带焊枪及使用富氩气体（如 Ar80%+CO$_2$20%）、直径为 1.2mm 的 ER50-6 实心焊丝，实现中厚板 T 形接头机器人平角焊作业，焊脚对称且尺寸为 6mm，焊缝呈凹形圆滑过渡，无咬边和气孔等焊接缺陷。如何调整机器人平焊任务程序中的焊枪姿态和焊接参数？

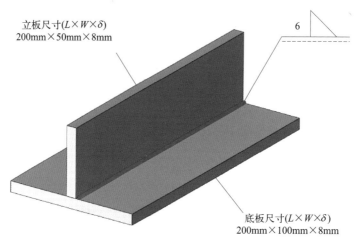

立板尺寸($L \times W \times \delta$)
200mm×50mm×8mm

6

底板尺寸($L \times W \times \delta$)
200mm×100mm×8mm

图 5-15　板 - 板 T 形角接平角焊接头示意

5.2　机器人平角焊任务编程

 知识讲解

5.2.1　平面曲线焊缝轨迹

　　环缝❶是管 - 板 T 形接头和管 - 管对接接头的主流焊缝形式，很多复杂的焊接结构都是由若干环缝连接而成，如管道、锅炉、压力容器及其关键部件焊接。圆弧轨迹是机器人连续路径运动的典型，也是工业机器人任务编程的常见运动轨迹之一。机器人完成单一圆弧轨迹的作业至少需要示教三个关键位置点（圆弧起点、圆弧中间点和圆弧终点），且每个关键位置点的动作类型（或插补方式）均为圆弧动作。以图 5-16 所示的圆弧（焊接）轨迹为例，指令位姿 P[2] 至 P[6] 分别是圆弧运动轨迹的临近参考点、起点、中间点、终点和回退参考点。其中，P[2] → P[3] 为焊前区间段，P[3] → P[5] 为焊接区间段，P[5] → P[6] 为焊后区间段。机器人完成弧形焊缝施焊作业的任务程序如图 5-17 所示。

---

　❶ 环缝是指沿筒形焊件分布的头尾相接的封闭焊缝。

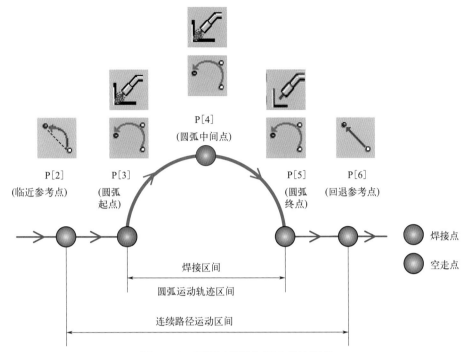

图 5-16　圆弧（焊接）运动轨迹示意

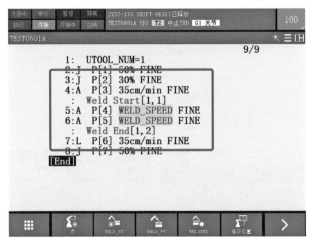

图 5-17　弧形焊缝机器人焊接任务程序示例（FANUC）

点拨

　　无论临近参考点采用关节动作还是直线动作，临近参考点至圆弧起点区段机器人系统自动按直线路径规划运动轨迹。

　　圆弧运动轨迹编程时，若指令位姿数量少于三点或任务程序中紧邻圆弧运动指令少于三条，机器人系统无法计算圆弧中心及路径，将发出报警信息或按直线路径规划运动轨迹。

环缝焊接作业需要机器人完成圆周运动轨迹。通常机器人圆周运动轨迹至少需要示教五个关键位置点（一个圆周起点、三个圆周中间点和一个圆周终点），且每个关键位置点的动作类型（或插补方式）均为圆弧动作。以图 5-18 所示的圆周（焊接）轨迹为例，示教点 P[2] 至 P[8] 分别是圆周运动轨迹的临近参考点、起点、中间点、终点和回退参考点。其中，P[2] → P[3] 为焊前区间段，P[3] → P[7] 为焊接区间段，P[7] → P[8] 为焊后区间段。机器人完成环缝焊接作业的任务程序如图 5-19 所示。

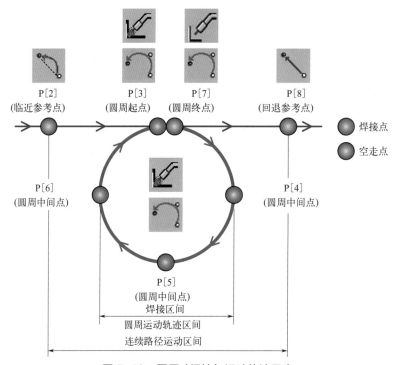

图 5-18　圆周（焊接）运动轨迹示意

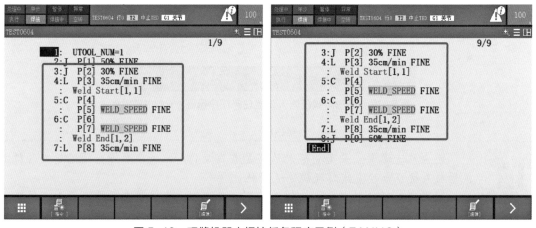

图 5-19　环缝机器人焊接任务程序示例（FANUC）

点拨

　　当机器人任务程序包含两条以上紧邻的圆弧运动指令 C 时，机器人系统将自上而下、逐次取出与圆弧运动指令 C 紧邻的上一个示教点和 C 指令包含的两个示教点进行圆弧插补运算，如图 5-18 所示的圆周（焊接）运动轨迹，将依次按照 P[3] → P[5]、P[5] → P[7] 两个圆弧分段计算圆弧运动轨迹。

　　鉴于无缝钢管加工制造存在圆度误差，建议采用六个及以上均匀分布的目标指令位姿（如沿圆周方向每转 60° 规划一个指令位姿）实现圆周运动轨迹，利于保证机器人运动路径准确度和作业质量。

　　此外，机器人完成两个及以上连续圆弧轨迹的作业至少需要示教五个关键位置点（一个圆弧起点、一个圆弧终点和三个以上圆弧中间点），且每个关键位置点的动作类型（或插补方式）均为圆弧动作。以图 5-20 所示的连弧（焊接）轨迹为例，示教点 P[2] ～ P[8] 分别是连弧轨迹的临近参考点、起点、中间点、终点和回退参考点。其中，示教点 P[5] 既是前段圆弧的终点，又是后段圆弧的起点。P[2] → P[3] 为焊前区间段，P[3] → P[7] 为焊接区间段，P[7] → P[8] 为焊后区间段。

　　机器人系统按照"自上而下、逐块插补"的圆弧动作原则，图 5-20（a）所示的 P[3] → P[7] 连弧轨迹区间的运动又分为 P[3] → P[5]、P[4] → P[6] 和 P[5] → P[7] 三个圆弧分段。需要强调的是，P[3] → P[4] 分段的运动是由 P[3] 至 P[5] 三个指令位姿计算生成，P[4] → P[5] 分段的运动则由 P[4] 至 P[6] 三个指令位姿计算生成，P[5] → P[7] 分段的运动由 P[5] 至 P[7] 三个指令位姿计算生成。同为连弧轨迹区间，但若要实现图 5-20（b）所示的 P[3] → P[5] 和 P[5] → P[7] 两个圆弧分段的（焊接）作业，则需要在两个圆弧分段连接点处设置一个圆弧分离点（SO）。机器人完成连弧焊接作业的任务程序如图 5-21 和图 5-22 所示。

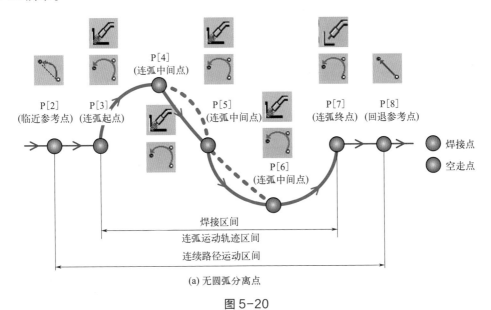

(a) 无圆弧分离点

图 5-20

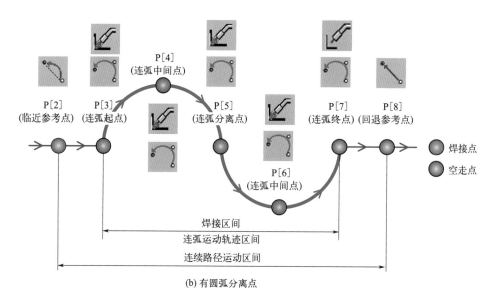

(b) 有圆弧分离点

图 5-20　连弧（焊接）运动轨迹示意

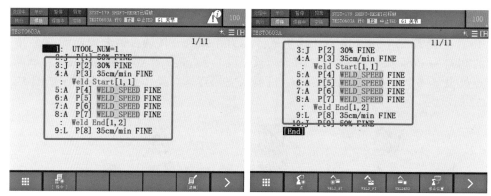

图 5-21　机器人连弧（焊接）轨迹任务程序示例（无圆弧分离点，FANUC）

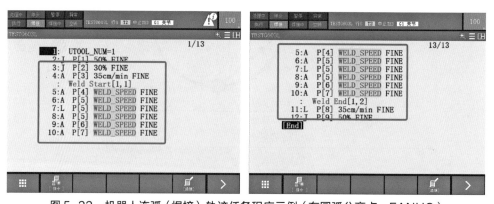

图 5-22　机器人连弧（焊接）轨迹任务程序示例（有圆弧分离点，FANUC）

点拨

当机器人任务程序包含三条以上紧邻的圆弧运动指令 A 时，机器人系统将自上而下、逐次取出三条圆弧运动指令进行圆弧插补运算，如图 5-20 所示的连弧（焊接）轨迹，将依次按照 P[3] → P[5]、P[4] → P[6]、P[5] → P[7] 三个圆弧分段计算圆弧运动轨迹。

圆弧分离点（SO）的设置本质上可以看成为"一点多用"，即同一指令位姿既是上一段圆弧动作的终点，又是下一段圆弧动作的起点，同时还是动作类型的转换点（相当于在两条紧邻的圆弧运动指令之间插入一条直线运动指令）。

5.2.2　空间曲线焊缝轨迹

目前，示教编程能够针对直线焊缝（如对接、角接、搭接），以及简单平面曲线焊缝（如圆弧、环缝），通过对有限的指令位姿进行拟合、插值求解，便可生成机器人运动路径，典型应用场景包括钢结构、车厢板和箱形梁等。但是，复杂空间曲线焊缝的机器人运动路径计算，仍是智能焊接机器人发展绕不开的技术难题。例如，相贯线管件因其结构牢靠、密闭的特点，应用十分广泛，生活中常见于建筑结构支撑件，以及锅炉、管道等压力容器，如图 5-23 所示。然而，由于相贯线独特的空间结构，传统示教编程方法费时、费力，难以高质量完成机器人运动轨迹编程，或者导致焊接质量不理想。

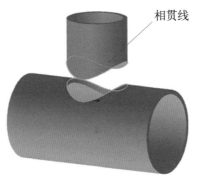

图 5-23　相贯线管件示意

此时，现场工程师可以采用离线编程方法，通过软件提供的"CAD-TO-PATH"路径自动生成功能，只需特征绘制（或识别）、枪姿调整和程序生成等简单人机交互操作，软件将自动添加程序指令生成机器人任务程序，这是一种基于模型驱动的机器人免示教离线编程方法，如图 5-24 所示。在工件模型的表面绘制直线、多线段和样条曲线等几何特征，或者软件自动识别工件模型的数字信息，检测线条中的直线和圆弧或者用直线进行细分，自动生成关键点和运动轨迹，然后根据工件的位置微调机器人焊枪姿态。该方法可以有效解决示教编程难以实现的复杂运动轨迹编程，并且节省大量的编程时间，具有任务程序的快速编程、精确调节和易于修改的特点，已在打磨、抛光、去毛刺、涂装等表面加工领域广泛应用。

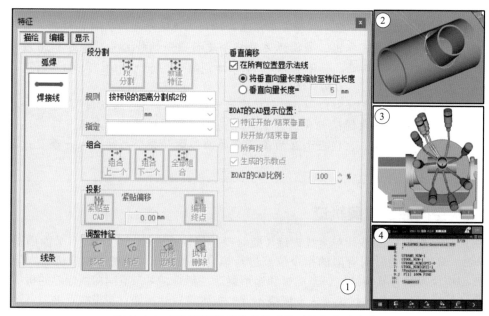

图 5-24　基于模型驱动的机器人运动路径自动生成

1—CAD-TO-PATH 功能界面；2—特征绘制；3—枪姿调整；4—程序生成

"CAD-TO-PATH"功能主要针对工件（part）模型自动生成运动轨迹。

　　合理选择机器人工具坐标系和工件坐标系，以减少离线生成的任务程序导入实体后的调试难度。

点拨　　尽量保证起点机器人焊枪姿态一致，避免多条同类型曲线轨迹运动中关节动作超程。

5.2.3　机器人平角焊姿态

表 5-9 是钢结构制作中常见的板 - 板 T 形接头坡口形式和焊缝形式。与对接接头相比，

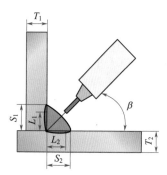

图 5-25　板 - 板 T 形接头平角焊姿态示意

构成 T 形接头的两工件成 90°左右的夹角，降低了熔敷金属和熔渣的流动性，焊后容易产生咬边和气孔等缺陷。因此，为获得理想的焊接接头质量，合理规划机器人焊枪姿态显得尤为重要。如图 5-25 所示，对于（I 形坡口）T 形角焊缝而言，当焊脚 S_1、$S_2 \leqslant 7$mm 时，通常采用单层（道）焊，焊枪行进角 $\alpha = 65° \sim 80°$、工作角 $\beta = 45°$，且焊枪指向位置（焊丝端头与接头根部的距离 L_1、L_2）与待焊工件的厚度关联。若板厚 $T_1 \leqslant T_2$，则 $L_1 = 0$mm、$L_2 = (1.0 \sim 1.5)\Phi$；反之，$T_1 > T_2$，则 $L_1 = (1.0 \sim 1.5)\Phi$、$L_2 = 0$mm。式中，Φ 为焊丝直径，单位为 mm；当焊脚 S_1、$S_2 > 7$mm 时，则需要横向摆动焊枪或多层多道焊工艺。

表 5-9　常见的板 - 板 T 形接头坡口形式和焊缝形式

序号	坡口形式	焊缝形式	接头示例	序号	坡口形式	焊缝形式	接头示例
1	I 形	角焊缝		5	K 形	对接焊缝	
2	单边 V 形	对接焊缝		6	K 形（带钝边）	对接焊缝	
3	单边 V 形	对接焊缝		7	K 形	对接和角接的组合焊缝	
4	J 形（带钝边）	对接焊缝		8	双 J 形	对接焊缝	

点拨

　　当采用多层多道焊接（I 形坡口）T 形接头时，通常焊枪行进角保持 $\alpha=65°\sim80°$，工作角视焊道（层）而实时调整，例如：焊脚 S_1、$S_2=10\sim12mm$，一般采用两层三道焊，焊第一层（第一道）时，工作角 $\beta=45°$；焊接第二道焊缝时，应覆盖不小于第一层焊缝的 2/3，焊枪工作角稍大些，$\beta=45°\sim55°$；焊接第三道焊缝时，应覆盖第二道焊缝的 1/3 ～ 1/2，焊枪工作角 $\beta=40°\sim45°$，角度太大，易产生焊脚下偏现象。

　　作为板 - 板 T 形角焊缝的延伸，管 - 板 T 形角焊缝的机器人焊枪姿态（行进角 α 和工作角 β）规划与板 - 板 T 形焊缝极为相似，如图 5-26 所示。针对（I 形坡口）T 形角焊缝，当焊脚 S_1、$S_2\leqslant7mm$ 时，通常采用单层（道）焊，焊枪行进角 $\alpha=65°\sim80°$、工作角 $\beta=45°$；当焊脚 S_1、$S_2>7mm$ 时，则需要横向摆动焊枪（摆焊）或多层多道焊工艺。此外，焊枪的指向位置（焊丝端头与接头根部的距离 L_1、L_2）与钢管壁厚 δ 关联。若钢管壁厚 $\delta\leqslant T_1$，则 $L_1=0mm$、$L_2=（1.0\sim1.5）\varPhi$；反之，$\delta>T_1$，则 $L_1=（1.0\sim1.5）\varPhi$、$L_2=0mm$。式中，$\varPhi$ 为焊丝直径，单位为 mm。需要引起注意的是，管 - 板角焊缝为弧形（圆周）焊缝，焊枪姿态随管 - 板角焊缝的弧度变化而动态调整。同时，管状试件与板类试件的散热、熔化情况不同，当焊枪姿态规划不合理时，焊接过程中易产生咬边、焊偏和气孔等缺陷。

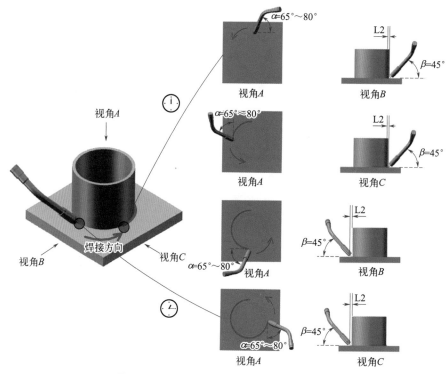

图 5-26　管－板 T 形接头平角焊姿态示意

5.2.4　角焊缝的成形质量

角焊缝是沿两直交或近直交零件的交线所焊接的焊缝。根据焊缝表面平整情况，角焊缝可分为凸形角焊缝和凹形角焊缝两种。在其他条件一定时，凹形角焊缝比凸形角焊缝应力集中小，承受动力荷载的性能好，因此焊接结构件的关键部位角焊缝应凹形圆滑过渡。角焊缝的形状尺寸参数主要包括焊脚尺寸、焊缝厚度、焊缝凹度（凸度）和熔深等，见表 5-10。

表 5-10　角焊缝的形状尺寸参数

形状参数	参数说明	参数示例
焊脚尺寸	焊脚是指在角焊缝横截面中，从一个直角面上的焊趾到另一个直角面表面的最小距离。焊脚尺寸是指在角焊缝横截面内画出的最大等腰直角三角形的直角边的长度。凸形角焊缝的焊脚和焊脚尺寸相等，凹形角焊缝的焊脚尺寸略小于焊脚。当母材厚度 $\delta \leqslant 6mm$ 时，最小焊脚尺寸为 3mm。母材厚度 $6mm < \delta \leqslant 12mm$ 时，最小焊脚尺寸为 5mm。母材厚度 $12mm < \delta \leqslant 20mm$ 时，最小焊脚尺寸为 6mm。母材厚度 $\delta > 20mm$ 时，最小焊脚尺寸为 8mm	

续表

形状参数	参数说明	参数示例
焊缝（计算）厚度	焊缝厚度指的是在焊接接头横截面上，从焊缝正面到焊缝背面的距离。焊缝计算厚度（喉厚）指的是设计焊缝时使用的焊缝厚度，它等于在角焊缝横截面内画出的最大等腰直角三角形中，从直角顶点到斜边的垂线长度。单道（层）焊缝厚度不宜超过 4～5mm	
焊缝凹度（凸度）	在角焊缝横截面上，焊趾连线与焊缝表面之间的最大距离，建议焊缝凸度控制在 3mm 以内、凹度控制在 1.5mm 以内	
熔深	在焊接接头横截面上，母材或前道焊缝熔化的深度，建议母材熔深控制在 0.5～1.0mm	

注：焊趾是焊缝表面与母材交界处。

　　当机器人运动轨迹准度和焊接参数适配不合理时，将会出现未熔合、未焊透、咬边、气孔和裂纹等外观缺陷，机器人角焊缝也不例外。表 5-11 是常见的机器人角焊缝外观缺陷原因分析及调控方法。

表 5-11　常见的机器人角焊缝外观缺陷原因分析及调控方法

类别	外观特征	产生原因	调控方法	缺陷示例
成形差	焊缝两侧附着大量焊接飞溅，焊道断续	①导电嘴磨损严重，焊丝指向弯曲，焊接电弧跳动。②焊丝干伸长度过长，焊接电弧燃烧不稳定。③焊接参数选择不当，导致焊接过程飞溅大	①更换导电嘴和送丝压轮，校直焊丝。②调节焊丝干伸长度。③调节并适配焊接电流、电弧电压和焊接速度	
未焊透	接头根部未完全熔透	①焊接电流过小，焊接速度太快，焊接热输入偏小，导致接头根部无法受热熔化。②焊丝端头偏离接头根部较远，导致根部很难熔透	①调节并适配焊接电流（送丝速度）和焊接速度。②调整焊丝端头与接头根部距离	
未熔合	焊道与母材之间或焊道与焊道之间，未完全熔化结合	①焊接电流过小，焊接速度太快，导致母材或焊道受热熔化不足。②焊接电弧作用位置不当，母材未熔化时已被液态熔覆金属覆盖	①调节并适配焊接电流（送丝速度）和焊接速度。②调节焊枪姿态和调整电弧作用位置	

续表

类别	外观特征	产生原因	调控方法	缺陷示例
咬边	沿焊趾的母材部位产生沟槽或凹陷，呈撕咬状	①焊接电流太大，焊缝边缘的母材熔化后未得到熔敷金属的充分填充。②焊接电弧过长，母材被熔化区域过大。③坡口两侧停留时间太长或太短	①调节并适配焊接电流（送丝速度）和焊接速度。②调节焊丝干伸长度。③调整坡口两侧停留时间	咬边
气孔	焊缝表面有密集或分散的小孔，大小、分布不等	①母材表面污染，受热分解产生的气体未及时排出。②保护气体覆盖不足，导致焊接熔池与空气接触发生反应。③焊缝金属冷却过快，导致气体来不及逸出	①焊前清理焊接区域的油污、油漆、铁锈、水或镀锌层等。②调节保护气体流量、焊丝干伸长度和焊枪姿态。③优化焊接速度	气孔
焊瘤	熔化金属流淌到焊缝外未熔化的母材上所形成的金属瘤	熔池温度过高，冷却凝固较慢，液态金属因自重产生下坠	优化送丝速度或焊接电流	焊瘤
热裂纹	焊接过程中在焊缝和热影响区产生焊接裂纹	①焊丝含硫量较高，焊接时形成低熔点杂质。②焊接头拘束不当，凝固的焊缝金属沿晶粒边界拉开。③收弧电流不合理，产生弧坑裂纹	①选择含硫量较低的焊丝。②采用合适的接头工装卡具及拘束力。③优化收弧电流，必要时采取预热和缓冷措施	热裂纹

 典型案例

机器人平角焊示教编程

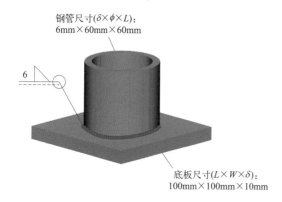

钢管尺寸($\delta \times \phi \times L$)：
6mm×60mm×60mm

6

底板尺寸($L \times W \times \delta$)：
100mm×100mm×10mm

图 5-27　骑坐式管-板 T 形接头示意

　　T 型接头是钢结构中最为常见的一种焊接接头形式，包括板-板 T 形接头和管-板 T 形接头等。其中，管-板 T 形接头可以看成为板-板 T 形接头的延伸，不同之处在于管-板角焊缝位于圆管的端部，属于环缝。根据接头结构形式的不同，可将管-板 T 形接头分为插入式和骑坐式管-板接头两类。根据空间位置不同，每类管-板 T 形接头又可分为垂直固定俯焊（平角焊）、垂直固定仰焊（仰角焊）和水平固定全位置焊三种。

　　本案例尝试使用富氩气体（如 Ar80%+

$CO_2$20%）、直径为 1.2mm 的 ER50-6 实心焊丝和六自由度焊接机器人，完成骑坐式管 - 板（无缝钢管尺寸为 60mm×60mm×6mm，底板尺寸为 100mm×100mm×10mm，钢管与底板材质均为 Q235）T 形接头机器人平角焊作业，要求焊脚对称且尺寸为 6mm，焊缝呈凹形圆滑过渡，无咬边和气孔等焊接缺陷，如图 5-27 所示。

　　策略分析：同板 - 板对接机器人平焊作业的直线运动轨迹编程相比较，管 - 板 T 形环缝机器人平角焊的运动轨迹编程相对复杂一些。使用机器人完成骑坐式管 - 板 T 形接头的平角焊作业一般需要八个目标指令位姿。其中，机器人原点（指令位置 1）应设置在远离作业对象（待焊工件）的可动区域的安全位置。焊接起始参考点（指令位置 2）和焊接结束参考点（指令位置 5）应设置在临近焊接作业区间，且便于调整焊枪姿态的安全位置。机器人平角焊作业的运动规划如图 5-28 所示。各指令位姿用途见表 5-12，其姿态示意如图 5-29 所示。

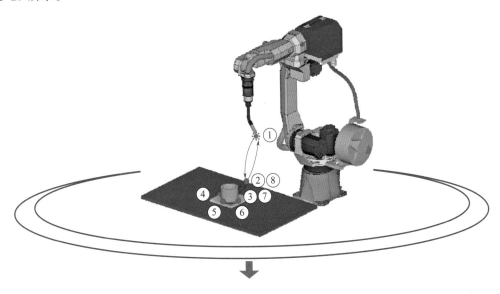

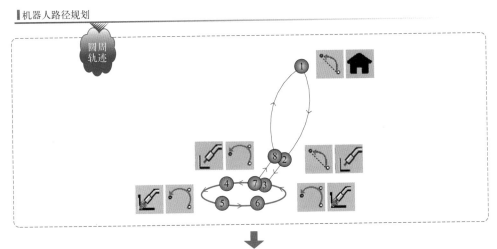

图 5-28

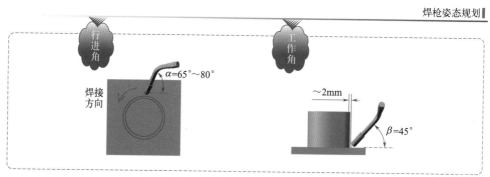

图 5-28　机器人平角焊作业的运动规划

表 5-12　机器人平角焊作业的指令位姿

指令位姿	备　注	指令位姿	备　注	指令位姿	备　注
①	原点（HOME）	④	圆周焊接路径点 1	⑦	圆周焊接结束点
②	焊接起始参考点	⑤	圆周焊接路径点 2	⑧	焊接结束参考点
③	圆周焊接起始点	⑥	圆周焊接路径点 3	—	—

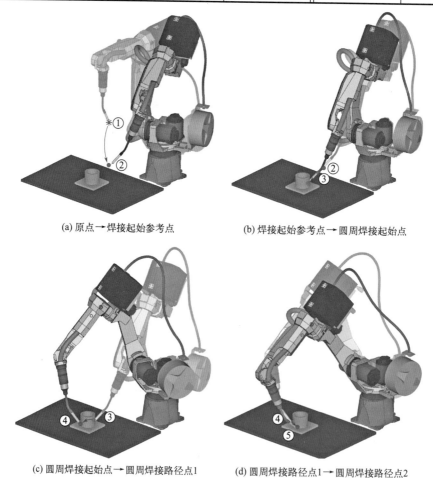

(a) 原点→焊接起始参考点　　　　　　　(b) 焊接起始参考点→圆周焊接起始点

(c) 圆周焊接起始点→圆周焊接路径点1　　(d) 圆周焊接路径点1→圆周焊接路径点2

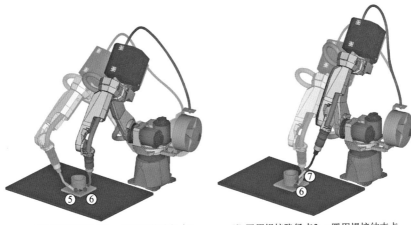

(e) 圆周焊接路径点2→圆周焊接路径点3　　　　(f) 圆周焊接路径点3→圆周焊接结束点

图 5-29　机器人平角焊指令位姿示意

　　机器人平角焊作业的动作次序和工艺条件编程可以通过弧焊软件的"焊接导航"功能生成参考规范，焊接结束规范（收弧电流）为参考规范的 80% 左右，焊接开始和焊接结束动作次序保持默认。经单步程序验证和连续测试运转无误后，方可进行骑坐式管 - 板 T 形接头机器人平角焊的再现施焊和工艺调试，直至焊缝外观成形达到质量要求，如图 5-30 所示。

(a) 焊接过程　　　　　　　　　　　(b) 焊缝成形

图 5-30　机器人平角焊作业效果

场景延伸

　　弧形焊缝是管 - 板 T 形接头、管 - 管对接接头和管 - 管角接接头的主流焊缝形式，很多复杂的焊接结构都是由直线和弧形焊缝组合连接而成。以图 5-31 所示 T 形接头平面曲线焊缝为例，机器人携带焊枪及使用富氩气体（如 Ar80%+$CO_2$20%）、直径为 1.2mm 的 ER50-6 实心焊丝，完成组合式 T 形角焊缝的机器人平角焊作业（I 形坡口，对称焊接），要求单侧连续焊接，焊缝饱满，焊脚对称且尺寸为 6mm，无咬边和气孔等表面缺陷。如何调整机器人平角焊任务程序中的焊枪姿态和焊接参数？

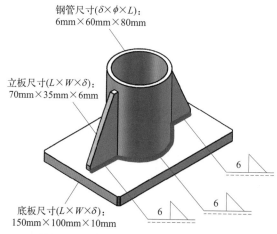

钢管尺寸($\delta \times \phi \times L$):
6mm×60mm×80mm

立板尺寸($L \times W \times \delta$):
70mm×35mm×6mm

底板尺寸($L \times W \times \delta$):
150mm×100mm×10mm

图 5-31　管 – 板组合式 T 形接头示意

本章小结

机器人焊接是其直线、圆弧等连续路径控制最为典型应用的代表。

机器人焊接任务编程关键在动作次序和工艺条件编程，二者均由焊接工艺指令予以设置。

焊缝的形状尺寸是机器人焊接作业质量评价的重要指标，与机器人运动轨迹的准确度、动作次序的合理度和工艺条件的适配度等密切关联。

 拓展阅读

智能协作机器人焊接

随着智能制造发展的不断深入，智能机器人日渐成为机器人产业向多品种和成熟阶段发展的重要方向。与此同时，人机协作作为智能机器人发展的重点领域，通过与互联网、大数据、人工智能等新一代信息技术的深度融合，正加速通过协作机器人这一重要载体释放出巨大发展潜力。

目前已很容易在制造业中看到人机协作的场景，许多高难度不适宜人工完成的细分领域也在不断考验协作机器人的适应能力，如对工艺路径复杂、点位精度要求高的焊接应用。针对自动化焊接行业普遍存在的技术门槛高、成本高、场地要求高等"三高"问题，FANUC 与 Lincoln 联合研制出 FLEXFAB® Cobot Guru 智能协作机器人焊接系统，主要由 CRX-10iA 协作机器人、POWER WAVE® R450 焊接电源和 AUTODRIVE® 4R100 送丝机构等部件构成，如图 5-32 所示。由于具备占地面积小、方便移动灵敏作业、直接拖动焊枪示教、简化编程易于操作、协同作业提高效率五大优势，"一器"即可给客户带来焊接从未如此安全、作业从未如此自由、编程从未如此简单的快感体验，比较适合混合作业车间、维修和再制造、零件表面重修和修复、屋面和桥梁桁架、机械承包商和管道车间、农业设备、钢结构制造商和金属维护中心、培训和教育服务等场景。

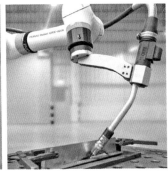

图 5-32　智能协作机器人焊接

人机协作并不局限于工业领域为智能制造服务。事实上，人机协作在军事、安防、农林、医疗、餐饮等专业服务领域也同样迎来快速的发展，具备人机交互和融合功能的智能协作机器人也势必走进更为广阔的应用领域。

 知识测评

一、填空题

1. 机器人完成单一圆弧焊缝的焊接至少需要_____个关键位置点（圆弧_____、圆弧_____和圆弧_____），且每个关键位置点的动作类型（或插补方式）均为_____。

2. 根据焊缝表面平整情况，角焊缝可以分为_____角焊缝和_____角焊缝两种。

3. 根据接头结构形式，管-板 T 形接头可分为_____和_____管-板接头两类；根据空间位置不同，每类管-板 T 形接头又可分为_____、_____和_____三种。

4. 机器人完成两个及以上连续圆弧焊缝轨迹的焊接至少需要_____个关键位置点。

二、选择题

1. 作为典型运动指令之一，机器人圆弧动作指令也包含（　　）等要素。
①动作类型；②位置坐标；③运动速度；④定位形式；⑤附加选项
A. ①②③④　　　　B. ①②④⑤　　　　C. ①②③④⑤　　　　D. ①②③⑤

2. 角焊缝的形状尺寸参数主要包括（　　）等。
①焊脚尺寸；②焊缝厚度；③焊缝凹（凸）度；④熔深
A. ①③④　　　　B. ①②③　　　　C. ②③④　　　　D. ①②③④

3. 当利用机器人实现角焊缝的自动化焊接时，机器人关键参数（　　）等的调控主要以角焊缝的几何形状为依据。
①焊枪姿态；②焊接速度；③焊接电流
A. ①③　　　　B. ①②③　　　　C. ②③　　　　D. ①②

三、判断题

1. 机器人完成环缝的焊接至少需要三个目标指令位姿，且每个关键位置点的动作类型均为圆弧动作。（　　）

2. 管 - 板角焊缝为环缝形式，机器人焊枪姿态需跟随角焊缝的弧度变化而进行动态调整。（　　）

3. 在其他条件一定时，凸形角焊缝比凹形角焊缝应力集中小，承受动力荷载的性能好，所以关键部位角焊缝的外形应凸形圆滑过渡。（　　）

4. 圆弧动作是以圆弧插补方式对从圆弧起点，经由圆弧中间点，移向圆弧终点的工具中心点运动轨迹和焊枪姿态进行连续路径控制的一种运动形式。（　　）

5. 焊接机器人的收弧规范可以通过焊接结束指令予以设置。（　　）

第6章

大显身手，机器人高级任务编程

机器人附加轴是提高工业机器人系统性能的重要手段之一。通过增加自由度，机器人可以在多个轴上联动，实现更复杂的运动轨迹和更高的灵活性，也能够更好地适应各种复杂的工作环境和任务需求。此外，机器人视觉对工业机器人的环境适应性同样有着重要的影响。通过机器视觉技术，机器人能够感知和理解周围的环境，并根据环境的变化做出相应的调整和反应。随着技术的不断进步和应用需求的增加，未来机器人技术的发展前景将更加广阔。

本章通过介绍机器人船形焊和视觉定位上料两大典型任务编程，帮助学生认知机器人附加轴联动和手眼标定原理，熟悉机器人附加轴点动操控方式及视觉集成方式，明晰焊枪姿态及引弧点位置对机器人船形焊质量的影响，深化对机器人离线编程和视觉导引编程的理解。

 学习目标

素养提升

① 认同智能机器人智能装备在纺织业、汽车行业等的地位作用，尝试自己查找更多智能机器人的应用领域，增强发散思维，激发学习工业机器人的兴趣。树立"工欲善其事必先利其器"的装备配置的前瞻性意识，领悟科技发展的巨大成果，认可国家在制造业转型升级的重大战略，增强责任意识。

② 对标中国制造业的国际发展现状，增强家国情怀和国家自信。树立"凡事预则立，不预则废"的安危意识，守好技术安全、能源安全、产业安全防线。鼓励学生勇于创新，善于思考，提升理实结合能力。

知识学习

① 能够辨识机器人本体轴和附加轴联动，规划环缝的机器人运动路径和焊枪姿态。

② 能够识别工业视觉系统的组成，说明各组成部件的功能。

③ 能够归纳图像处理与识别导引的基本流程，基于手眼标定原理实现固定式和外置式机器人手眼标定。

技能训练

① 能够灵活使用示教盒点动操控机器人附加轴及查看其位置信息。

② 能够根据焊缝的形状尺寸参数要求熟练适配 T 形接头机器人船形焊的焊接参数。

③ 能够调用视觉指令完成机器人自适应上料作业的任务编程。

 **学习导图**

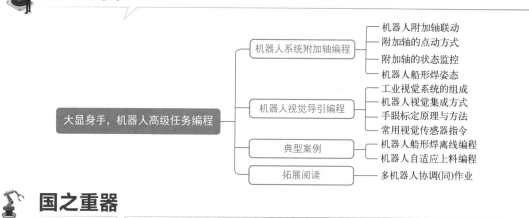

 **国之重器**

智能机器人：智能装备兴起，机器协同作业，打造智造先锋

　　近年来，在新技术助力下，中国纺织企业转型升级，涌现了一大批实现高端制造和智能整合的生产工厂，推动形成更加绿色、高效的产业集群。位于山东泰安的一个纺织印染智能工厂，使用智能筒子纱染色设备，其自动控制系统可以将染色过程中的持续供水改为间歇供水，解决了纺织业耗水量高的历史难题。同时，在智能工厂中，智能机器人功不可没。搬运机器人在工厂内搬运原材料、半成品和成品，它们能够快速、准确地移动，减少了人工搬运的劳动强度，提高了生产效率。喷涂机器人对纺织品进行自动喷涂，如涂层、印花等，它们能够精确控制喷涂量和喷涂位置，增强质量，提高美观度。检测机器人检测纺织品的品质，如颜色、尺寸、瑕疵等，它们能够快速准确地检测产品，提高了检测效率和准确性。包装机器人对成品进行包装，如折叠、装箱、封口等，它们能够减少人工包装的劳动强度，保证包装技术的规范性和一致性。装配机器人进行装配和组装纺织机械和设备，它们能够快速、准确地完成各种装配任务，提高了生产效率和产品质量。智能机器人的协同作业，使工厂运行有序，管理规范，不仅提升了效率，还提高了质量。纺织行业正在实现"智"变升级，"织"造未来！

　　智能制造是未来制造业的核心，而智能制造的基础是数字化和网络化，数字化离不开数字模型和过程仿真。助推智能制造的数字利器已经出现在中国的智能工厂，数字化仿真工厂将是智能制造时代未来工业体系的关键构成。浙江台州，有一个能同时生产常规动力、混合动力、纯电动以及更先进车型的智能工厂，就是采用全流程汽车仿真生产系统的数字化仿真工厂。工程师将 450 个机器人的定位精准到 0.05 毫米，对冲压、焊接、喷涂、总装四条汽车生产线上的 1820 台焊接、涂胶、装配、检测、搬运等智能装备全部进行数字化扫描和测量，数据汇总至仿真系统，并调节误差精度。仿真技术大幅节约制造成本，缩短研发周期，随着底盘合拼焊接，焊接定位孔与焊接基台上的定位销精准对接等验收成果标志着智能工厂获得"营业许可"，其精确度由 96% 提高至 100%。

　　智能制造已成为全球制造业战略升级的共同选择，传统制造业正迈向数字化、网络化、智能化协同发展。高质量、高精度的实现必须依赖高端智能装备，上海洋山岛自动化码头、广东深圳的智慧管廊、辽宁沈阳的机器人生产中心等智能制造试点示范项目，使得我们深刻认识到工业制造升级的创新解决方案，转型升级的智能钥匙在于高端智能装备的创新升级。

我们，新一代的中国青年更要自立自强、勤学好问、耐心钻研、夯实基础，树立起"强国有我，我助强国"的历史担当，立志为中国制造业增砖添瓦！

参考资料——《大国重器·智造先锋》

6.1　机器人系统附加轴编程

 知识讲解

6.1.1　机器人附加轴联动

在面对复杂曲面零件、异形件以及（超）大型结构件的自动化作业需求时，仅靠机器人本体的自由度和工作空间难以满足所有的作业要求。在这种情况下，添加基座轴、工装轴等附加轴是一个值得考虑的解决方案。通过添加这些附加轴，可以提高机器人系统的集成应用灵活性和费效比。具体来说，这种方案的优势包括：

① 扩展工作空间　通过增加附加轴，机器人的运动范围可以显著增加，使其能够处理更大、更复杂的零件和结构件。

② 提高工作灵活性　通过增加自由度，机器人可以完成更加复杂和精细的动作，比如抓取、装配、焊接等。

③ 增强环境适应性　在复杂或动态的环境中，机器人有时需要调整其姿态或运动路径以适应不同的工作条件。附加轴可以让机器人更好地适应这些变化，提高环境适应性。

④ 提高工作效率和精度　通过精确控制附加轴，机器人可以更快速、准确地完成工作任务，从而提高整体工作效率。

不妨以机器人焊接为例，当焊件接缝处于非平焊位置时，通常需要配置柔性工装轴（如焊接变位机）来支承和实现焊件接缝的空间变位。这种配置可以确保焊接质量和效率，同时减少人工干预和操作难度。从编程和控制的角度来看，工业机器人附加轴的运动可以通过两种方式实现——内部轴和外部轴，如图 6-1 所示。

（1）内部轴　附加轴的运动通过机器人控制器附属的示教盒直接控制。该集成方式能够实现机器人本体轴与附加轴的高效联动，完成空间曲线轨迹的高精度、高质量和稳定作业。由于所有轴的运动均由同一控制器管理，因此可以实现高精度的同步和协调运动，如图 6-2 所示。然而，这种方式的不足之处在于成本相对较高，需要额外的硬件和软件支持。

（2）外部轴　附加轴由外部控制器（如 PLC）直接控制，而机器人控制器则间接控制。这种方式下，机器人本体轴和附加轴的运动相对独立，需要通过外部控制器进行协调。虽然这种方式在成本上相对较低，但在实现高精度同步和协调运动方面存在一定的挑战。

内部轴集成

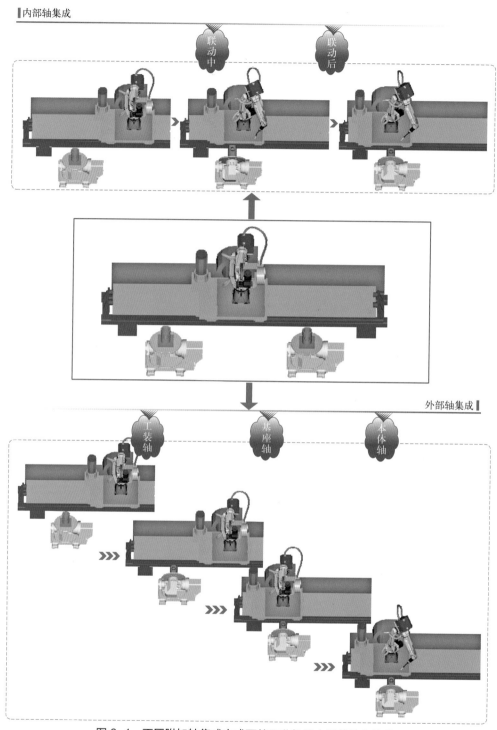

图6-1　不同附加轴集成方式下的工业机器人系统动作次序

在实际应用中，可以根据具体的作业需求和预算情况选择合适的集成方式。对于需要高精度、高效率作业的应用场景，内部轴集成方式不失为一个好选择。而对于成本敏感或对同步性要求不高的应用场景，外部轴集成方式更具成本效益，详见表 6-1。

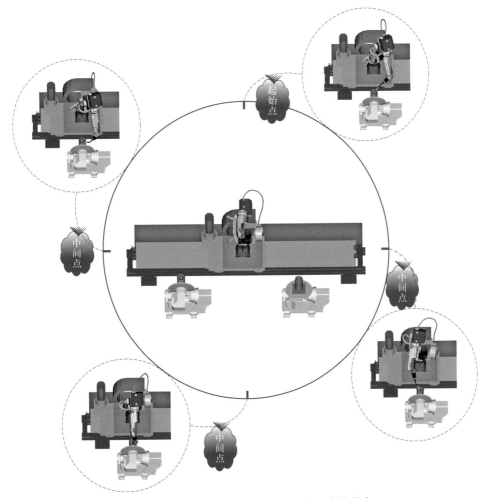

图 6-2　空间曲线轨迹的机器人系统运动轴联动

表 6-1　机器人附加轴的集成方式

比较因素	集成方式	
	内部轴	外部轴
空间曲线轨迹	机器人本体轴和附加轴的联动能够使机器人始终保持在最佳的作业位置，并配合舒展的机器人手臂和手腕作业姿态，确保作业的高质量和稳定性	机器人本体轴和附加轴的运动相对独立，会导致轨迹不连续、位置误差和运动协调性差，使得机器人在进行复杂轨迹作业时难以保持连续、稳定和精确的运动
协调运动	机器人附加轴以内部轴方式集成，可以实现与机器人本体轴的同步和协调运动，在相同的硬件配置及运动速度条件下，可以将作业效率提高 50%～60%	机器人附加轴以外部轴方式集成，各附加运动轴是独立于机器人本体轴进行转动或移动，无法实现与机器人本体轴的联动，具有一定的局限性
运动指令	视机器人品牌而各不相同，比如：FANUC 机器人的协调运动指令保持不变，仅指令要素中的位置坐标数据增添附加轴的状态；Panasonic 机器人的协调运动指令多 "+"，关节协调运动 MOVEP+、直线协调运动 MOVEL+、圆弧协调运动 MOVEC+ 等	—

目前主流品牌的工业机器人控制器已经具备实现几十根运动轴联动控制的能力，通常采取分组独立控制策略（一般每组最多控制九根运动轴）。对于六自由度关节型机器人而言，除机器人本体拥有的六根运动轴外，每组最多还可增添三根附加轴。以 FANUC 机器人控制器 R-30iB 为例，该型机器人控制器共设置四种不同的外形尺寸，包括 A-Cabinet、B-Cabinet、Mate Cabinet 和 Open-Air Cabinet。除 B-Cabinet 外，其他的 R-30iB 控制器均为紧凑型、可叠放的，便于机器人系统集成。一套 R-30iB Mate Cabinet 最多可以控制四台机器人，从第二台起，只需增添操作机及伺服驱动电动机的伺服放大器模块即可完成机器人单元的组建。相比之下，B-Cabinet 采用相同的技术，但预留空间较大，可扩展多个伺服放大器和 I/O 模块，最多能同时控制五十六根运动轴。

点拨

　　工业机器人系统附加轴的联动需要控制软件包的支撑，这些软件包可以提供丰富的工具和功能，支持附加轴的集成和控制，并提高机器人系统的作业效率和精度。例如，FANUC 机器人用于基座轴联动控制的 Extended Axis Control（J518）和用于工装轴联动控制的 Multi-Group Motion（J601）、Coordinated Motion Package（J686）等。

　　机器人系统工装轴的空间布局遵循工业机器人的工作空间原则，工装轴作为主导轴，机器人本体轴作为随动轴进行联动。

　　当机器人附加轴采取内部轴集成方式时，其与机器人本体轴的同步和协调运动的实质是将两者的运动轨迹合成为一个整体的空间曲线。

6.1.2　附加轴的点动方式

　　工业机器人系统的附加轴控制方式与点动机器人的本体轴类似，也分为增量点动和连续点动。同时，通过内部轴集成机器人系统附加轴时，控制系统会将各附加轴独立分组控制，并以组号码的形式进行标识。在控制过程中，为实现对附加轴的精确操控，需要适时切换系统运动轴的组号码。通常同一组号码运动轴的切换顺序是先本体轴后附加轴，现场工程师只需根据需要选择相应的点动模式和控制轴组号码即可，如图 6-3 所示。

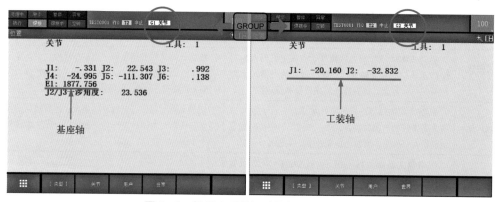

图6-3　机器人系统运动轴组号码的选择

　　无论是增量点动还是连续点动，操控机器人附加轴都需要遵循一定的基本流程和方法，如图 6-4 和图 6-5 所示。由于不同品牌的工业机器人在系统运动轴组号码选择、点动坐标系切换、附加轴速度调整等方面存在差异，因此在点动操控机器人附加轴时需要根据具体机器人的品牌和型号进行相应的调整和适配，请扫描目录页二维码查阅。

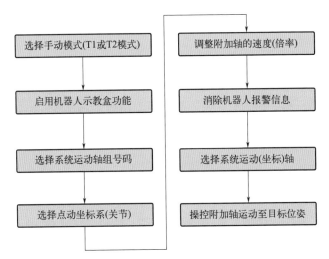

图 6-4　点动机器人附加轴的基本流程

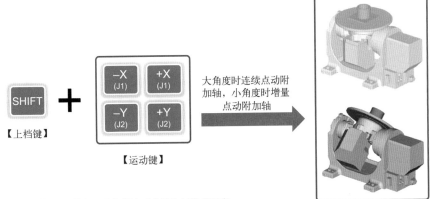

注：【运动键】视工业机器人系统附加轴数量而定。

图 6-5　点动机器人附加轴方法

点拨

　　工业机器人系统工装轴的点动操控只能在关节坐标系中实现。

　　工业机器人系统基座轴的点动操控可以在关节、机座（世界）和工具等常见点动坐标系中完成。当在机座（世界）和工具等直角坐标系中点动操控基座轴时，机器人的整体位置会发生变化，但工具中心点（TCP）保持不变。这种情况下，基座轴和机器人本体轴是联动的，这使得机器人手臂和手腕可以以更为舒展的姿态进行作业，例如焊接。

6.1.3　附加轴的状态监控

如上所述，工业机器人系统的运动轴控制通常采用分组控制策略，这样可以提高系统的可操作性和灵活性。当一套工业机器人系统包含附加轴时，每根附加轴的启用和点动等状态取决于系统的集成配置。根据实际需要和应用场景，可以对这些轴进行灵活的分组和配置。

通常情况下，机器人基座轴与本体轴被分为同一组，这是因为它们通常一起移动，以实现整体位置调整。将它们分为同一组可以简化操作过程，并提高控制的精度和稳定性。而工装轴则被分为另一组，因为它（们）的功能、用途与基座轴和本体轴不同。工装轴主要用于安装和固定工件或工具，它（们）的运动与具体的作业任务相关。将工装轴分为一组可以更好地满足作业需求，并提高操作的灵活性和效率。例如，图 6-1 所示的焊接机器人系统拥有十一根运动轴，包括六根机器人本体轴、一根机器人基座轴和四根工装轴（两套焊接变位机）。这些轴的组号码分配为机器人本体轴 G1、机器人基座轴 G1S、工装轴 G2 和 G3。

随着工业机器人系统运动轴数量的增加，任务编程时指令位姿的规划和调整用时也将随之增加。为适应不同的作业需求和提高操作效率，机器人系统附加轴的状态可以根据实际需求启用或禁用。例如，在某些只需要使用机器人本体轴的任务中，可以禁用附加轴以提高编程和操作的效率。而在需要使用附加轴的作业中，则可以启用相应的轴并根据需要进行配置。需要注意的是，具体启用或禁用附加轴的方法因机器人品牌不同而有所差异。以 FANUC 机器人为例，机器人系统附加轴的启用与否，可以通过程序文件属性的"组掩码"予以设置，如图 6-6 所示。

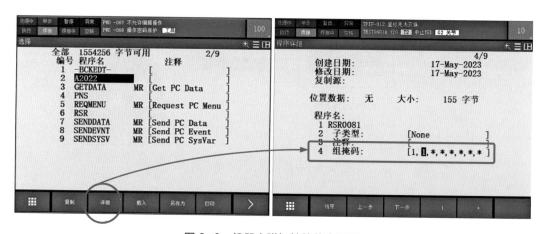

图 6-6　机器人附加轴的状态设置

此外，在机器人运动轨迹修正和末端执行器姿态优化等任务程序编辑过程中，需要经常查看和修改机器人系统运动轴的指令位置。图 6-7 是机器人系统附加轴的位置变更界面。通过此界面，现场工程师可以直观地查看和调整基座轴、工装轴的位置，以满足特定的作业要求。

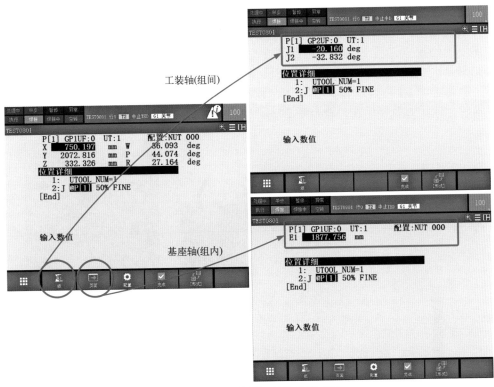

图 6-7　机器人附加轴的位置变更

点拨

　　机器人系统运动轴（包含附加轴）的启用须在创建任务程序时完成。在编写任务程序时，需要根据实际作业需求选择需要启用的轴，并进行相应的配置和调整。

6.1.4　机器人船形焊姿态

　　骑坐式管 - 板 T 形接头机器人船形焊与机器人平角焊在焊接方式和焊接参数上存在较大的差异。这种差异导致两者在焊接过程中所面临的挑战和质量控制方面的重点也有所不同。

　　在机器人平角焊中，焊枪移动而工件固定，焊缝始终处于某一水平面。这种方式的优点是操作相对简单，适用于批量生产。然而，由于液态熔池受自身重力的影响，难以保证焊脚（尺寸）一致性，可能导致焊接质量不稳定。为解决这一问题，需要精确控制焊接速度和焊接电流，确保热输入的均匀性和稳定性。同时，需要特别注意防止打弧和飞溅，以保持焊接过程的稳定性和美观性。

　　相比之下，机器人船形焊采用焊枪固定、工件转动的策略。由于焊缝连续转动，液态熔池的形状和位置受到自身重力的影响更加显著。在这种情况下，焊接引弧点的位置及机器人焊枪姿态对焊接质量的影响变得至关重要。为实现高质量的焊接效果，需要精确控制引弧点的位置和焊枪姿态，确保焊接过程的稳定性和一致性。同时，需要密切关注液态熔池的变化，及时调整焊接参数，以获得最佳的焊接效果。

经实践证明，在保持机器人焊枪行进角 α=65°～80°、工作角 β=45°，以及其他焊接参数不变的情况下，从十点至十三点连续改变机器人焊接引弧点位置，焊接效果变化明显，如图6-8所示。以焊接变位机顺时针转动为例：当从十点位置（立角焊位置）引弧焊接时，液态熔池下淌明显，易产生未熔合和咬边等缺陷，焊接质量难以保证；从十一点位置引弧时，处于上坡焊位置，液态熔池伴随工件转动和自身重力耦合作用易于铺展，焊缝

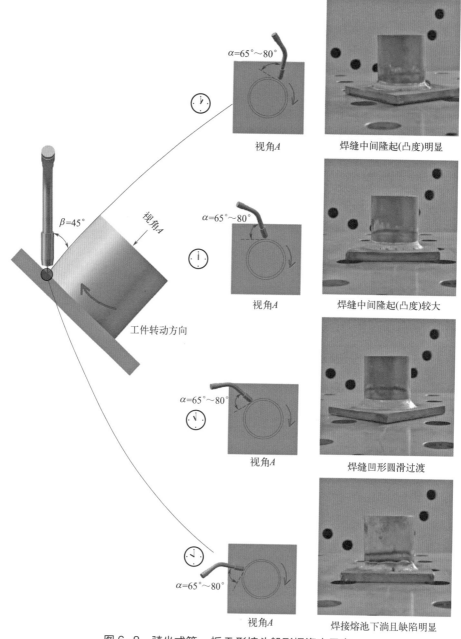

图6-8　骑坐式管-板T形接头船形焊姿态示意

成形美观、凹形圆滑过渡，焊脚（尺寸）对称，焊接质量良好；当从十二点位置引弧时，处于下坡焊位置，液态熔池受自身重力作用，焊缝中间隆起（凸度）较大，且伴随工件转动焊缝凸度愈发加剧。因此，为获得良好的焊接质量，应将骑坐式管 - 板 T 形接头机器人船形焊的引弧点位置控制在十一点钟左右，并确保环缝施焊时的焊接变位机转动范围在365°～ 370°之间。这样可以确保液态熔池在适当的条件下铺展，提高焊接质量并获得美观的焊缝。

点拨

　　机器人船形焊在环缝焊接中具有优势，尤其是在减少姿态调整频次、缓解电缆弯曲问题以及提高焊接质量稳定性和一致性方面。

典型案例

机器人船形焊离线编程

　　为克服 T 形、十字形和角接接头平角焊时，容易产生咬边和焊脚（尺寸）不均匀等缺陷，在生产中常利用焊接变位机等辅助工艺设备将待焊工件转动至45°斜角，即处于平焊位置进行的角焊，称为船形焊或平位置角焊。船形焊相当于坡口角度为90°的 V 形坡口带钝边的水平对接焊，其焊缝成形光滑美观，单道焊的焊脚尺寸范围较宽、焊缝凹度较大。

　　本案例要求使用富氩气体（如 Ar80%+CO$_2$20% ）、直径为 1.2mm 的 ER50-6 实心焊丝、六自由度焊接机器人和两轴焊接变位机，完成第 5 章中骑坐式管 - 板 T 形接头机器人船形焊作业，焊脚对称且尺寸为 6mm，焊缝呈凹形圆滑过渡，无咬边和气孔等焊接缺陷，如图 6-9 所示。

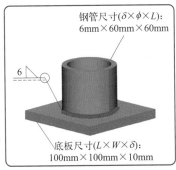

钢管尺寸($\delta \times \phi \times L$):
6mm×60mm×60mm

6

底板尺寸($L \times W \times \delta$):
100mm×100mm×10mm

平角焊(第5章)　　　　　　　　　　　　　船形焊(第6章)

图 6-9　骑坐式管 – 板 T 形接头示意

　　策略分析：机器人船形焊的离线编程是一项非常先进的技术，它基于计算机图形学建立机器人焊接系统的三维模型，并在虚拟数字空间中复现实体装备的物理空间布局，如

图 6-10 所示。通过这种方法，现场工程师可以在计算机上模拟和优化机器人的运动轨迹，而无需进行实际的机器人操作。在此基础上，结合机器人平焊和平角焊任务编程的经验，现场工程师可以使用软件提供的"CAD-TO-PATH"路径自动生成功能，合理规划机器人及焊接变位机的运动。同时，现场工程师通过离线编程还可以预测和解决潜在的问题，如机器人与工件之间的碰撞、运动轨迹的平滑性等。

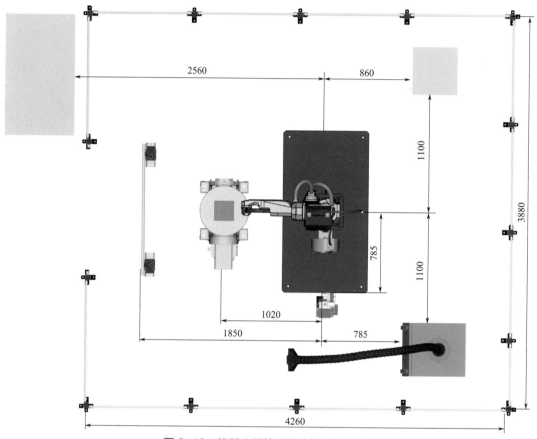

图 6-10　机器人焊接系统空间布局示意

　　与管 - 板 T 形环缝机器人平焊相比，管 - 板 T 形环缝机器人船形焊的运动轨迹编程确实更为简单。这主要是因为船形焊的编程只需要考虑五个目标指令位姿，这大大简化了编程的过程和复杂性。机器人船形焊作业的运动规划如图 6-11 所示。各指令位姿用途见表 6-2，其姿态示意如图 6-12 所示。

　　在这五个目标指令位姿中，机器人的原点（指令位置①）被设置在远离作业对象（待焊工件）的可动区域的安全位置。这样做是为了确保机器人在开始和结束焊接操作时不会与工件或其他障碍物发生碰撞。焊接起始参考点（指令位置②）和焊接结束参考点（指令位置⑤）则被设置在临近焊接作业区间的安全位置，这两个点是焊接过程中的关键位置。起始参考点用于开始焊接，而结束参考点则用于结束焊接，这两个点的设定应便于调整焊枪的姿态，以确保焊接质量。此外，生成机器人控制器可执行的代码是机器人任务程序编制的最后一步。这一步将仿真调试通过的任务程序转换成机器人控制器可以理解和执行的格式，使得机器人能够按照预设的程序完成焊接作业。

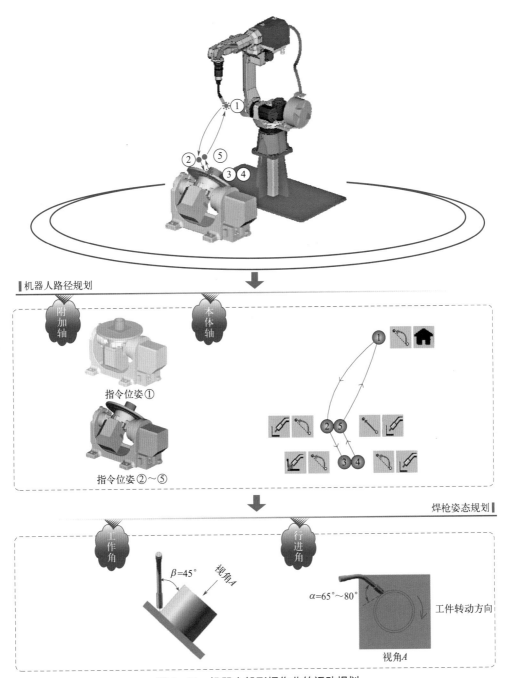

图 6-11　机器人船形焊作业的运动规划

表 6-2　机器人船形焊作业的指令位姿

指令位姿	备　注	指令位姿	备　注	指令位姿	备　注
①	原点（HOME）	③	圆周焊接起始点	⑤	焊接结束参考点
②	焊接起始参考点	④	圆周焊接结束点	—	—

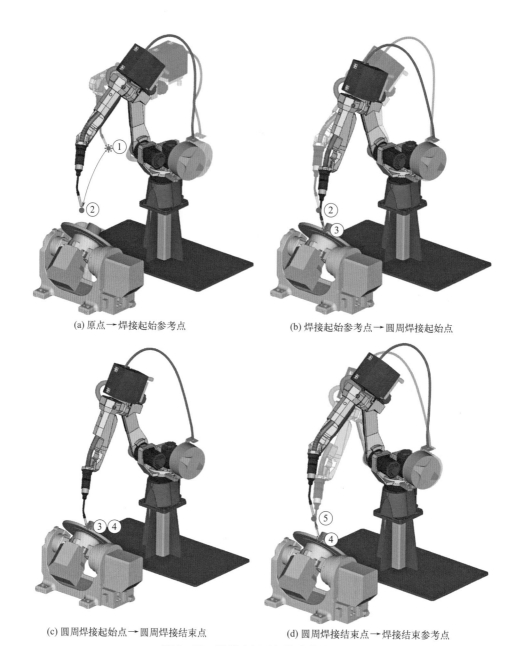

(a) 原点→焊接起始参考点　　　　　　　　　(b) 焊接起始参考点→圆周焊接起始点

(c) 圆周焊接起始点→圆周焊接结束点　　　　(d) 圆周焊接结束点→焊接结束参考点

图 6-12　机器人船形焊指令位姿示意

　　在完成机器人船形焊作业的运动轨迹编程后，为确保焊接过程的顺利进行和获得高质量的焊接结果，还需要进行一系列的工艺条件和动作次序的编程。这些编程步骤可以通过弧焊软件的"焊接导航"功能来实现，从而生成参考规范。首先，对于焊接变位机承载工件的转动速度，它是通过焊接线长度（钢管外壁周长）除以转动一周所需时间来间接设置的。这种方式能够确保工件在焊接过程中获得适当的转动速度，以实现稳定的焊接过程。其次，关于焊接结束规范（收弧电流），它被设置为参考规范的 80% 左右。这一设置是为确保在焊接结束时，电流逐渐降低，避免因突然断电或电流突变引起的焊接缺陷。此外，还需要特别注意焊接开始和结束时的动作次序。这些动作次序应该保持默认，以确保机器人在开始和结束焊接时能够按照预设的程序进行操作，避免因错误的动作次序引起的工艺问题。

待单步程序验证和连续测试运转无误后，方能进行实际的机器人船形焊作业。在这一过程中，应该密切关注焊缝的外观成形质量，并进行必要的工艺调试。通过不断地调试和优化，最终获得满足质量要求的焊缝外观成形，如图 6-13 所示。

(a) 焊接过程　　　　　　　　　　　(b) 焊接成形

图 6-13　机器人船形焊作业效果

 **场景延伸**

复杂空间曲线焊缝包括多种形状和位置的焊缝，例如球形、圆柱形、圆台壳体与圆形、异形法兰形成的相贯线等。其中，相贯线焊缝是一种常见的类型。相贯线是一种特殊的空间曲线，它描述两个或多个圆柱体或球体相交时所产生的曲线轮廓。由于相贯线独特的空间结构，离线编程被广泛应用于相贯线机器人焊接的轨迹编程。以图 6-14 所示管 - 管相贯线接头为例，机器人携带焊枪及使用富氩气体（如 Ar80%+$CO_2$20%）、直径为 1.2mm 的 ER50-6 实心焊丝，完成相贯线机器人焊接，要求焊脚对称且尺寸为 6mm，焊缝呈凹形圆滑过渡，无咬边和气孔等焊接缺陷。如何调整机器人船形焊任务程序中的焊枪姿态和焊接参数？

图 6-14　管 - 管相贯线接头示意

6.2　机器人视觉导引编程

6.2.1　工业视觉系统的组成

　　机器视觉（machine vision）是人工智能领域的一个重要分支，其核心是通过光学装置和非接触式传感器，自动地接收和处理真实场景的图像，以实现自动化识别、检测、测量、定位和导引等功能。工业视觉（industrial vision）作为机器视觉的一个应用领域，主要应用于智能制造领域。它利用机器视觉技术来提高生产过程的自动化程度和智能化水平，实现工件的快速定位、测量、检测等重复性劳动的自动化。

　　工业视觉系统是用于采集目标环境的图像，并对之分析处理以获取目标物相关信息（如几何参数、位置姿态、表面形态及对象质量等）的软硬件系统。一套典型的工业视觉系统通常包括以下组件：光源、镜头、工业相机、视觉控制器、机器视觉软件以及相应的连接电缆等，如图 6-15 所示。

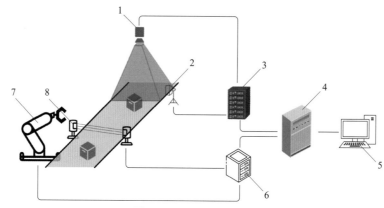

图 6-15　工业视觉系统

1—工业相机＋镜头；2—光源；3—视觉控制器；4—上位机（如 PLC）；5—人机交互设备；

6—运动控制器（如机器人控制器）；7—执行机构（如机器人本体）；8—辅助传感器

　　（1）光源　光源是机器视觉系统的重要组成部分，它作为辅助成像设备，为目标环境的图像获取提供足够的光线。通过恰当的光源照明设计，能够强化特征、弱化背景，提高图像信息，简化软件算法，降低视觉系统设计的复杂度，且能提高系统的检测精度和速度。可见，光源的设计和选取往往直接决定工业视觉系统设计的成败，可以从波长、颜色、亮度、均匀性、稳定性和寿命等入手选型。

　　目前工业视觉光源主要用到可见光、部分红外光和部分紫外光。在可见光中，红色调的构成暖色光，蓝色调的构成冷色光。当被测物体的特征与光源色温不同时，会吸收光线，特征在图像中呈现黑色，当色温相同时，则会反射光线，特征在图像中呈现白色，如图 6-16 所示。红外光对塑料的穿透性好，可以将封装好的金属电路等内部元件显示出来。紫外光的波长短，穿透力强，能够应用于证件检测和金属表面划痕检测等。

(a) 目标物颜色　　　　　　　　(b) 蓝光照射成像　　　　　　　　(c) 红光照射成像

图 6-16　不同光照下的目标物成像

另外，常见的工业视觉光源包括 LED 光源、卤素光源、高频荧光灯、光纤卤素灯等。这些光源各有特点，适用于不同的应用场景。LED 光源是现代工业视觉照明中常用的光源之一，具有低能耗、长寿命、冷光源、响应速度快等优点。LED 可以发出红、绿、蓝、黄等各种颜色的光线，广泛应用于各种静态和动态图像采集、检测和识别等应用。从光源形状看，LED 光源可分为环形光源、背光源、条形光源、点光源等，这些不同的 LED 光源类型可以应用于各种不同的场合和需求，见表 6-3。

表 6-3　不同形状的 LED 光源及其使用场景

光源类别	光源特点	适用场景	光源示例
环形光源	提供不同照射角度、不同颜色组合，更能突出物体的三维信息，有效解决对角照射阴影问题	PCB 基板检测、IC 元件检测、显微镜照明、液晶校正、塑胶容器检测、集成电路印字检查等	
背光源	高密度 LED 阵列面提供高强度背光照明，能突出物体的外形轮廓特征，免受表面反光影响	机械零件尺测量、电子元件外形检测、胶片污点检测、透明物体划痕检测等	
条形光源	可以消除表面反光影响，性价比高，是大面积打光、较大方形结构被测物的首选光源	金属表面检查、图像扫描、表面裂缝检测、LCD 面板检测等	
同轴光源	可以消除物体表面不平整引起的阴影，减少干扰	最适用于反射度极高的物体，如金属、玻璃、胶片、晶片等表面的划伤检测，芯片和硅晶片的破损检测等	
AOI 光源	不同角度的三色光照明，照射凸显焊锡三维信息，外加漫射板导光，减少反光	专用于电路板焊锡检测、多层次物体检测等	

续表

光源类别	光源特点	适用场景	光源示例
点光源	大功率 LED，体积小，发光强度高，尤其适合作为镜头的同轴光源，高效散热，寿命长	适合远心镜头使用，用于芯片检测，Mark 点定位，晶片及液晶玻璃底基校正等	

注：AOI 是 automated optical inspection 的缩写，全称为自动光学检测。AOI 光源是采用 RGB 三色高亮度 LED 阵列而成，以不同角度及不同颜色照射物体的光源。

（2）**镜头**　作为视觉系统的眼睛，镜头在光束调制和聚焦图像方面起着至关重要的作用，将目标场景的图像准确地投射到工业相机光学传感器上。镜头的质量对于视觉系统的整体性能具有直接影响，可以从焦距❶、光阑系数和接口类型等入手选型。

镜头的分类多种多样，根据不同的维度可以进行不同的分类。在实际应用中，需要根据具体的需求选择合适类型的镜头，以确保获得高质量的图像和稳定的视觉系统性能。根据焦距，镜头可以分为定焦镜头、变焦镜头和增倍镜，如图 6-17 所示。这些类型的镜头各有特点，适用于不同的应用场景：定焦镜头焦距固定，结构简单，成像质量优异；变焦镜头可以通过调节焦距来改变视角，便于观察不同距离的物体；增倍镜则可以增加镜头的倍数，用于放大微小物体或远距离目标。按接口类型，镜头可以分为 C 接口镜头、CS 接口镜头、U 接口镜头和特殊接口镜头等。这些不同类型的接口适用于不同的工业相机和相机支架，需根据具体的应用场景选择合适的接口类型。

(a) 定焦镜头　　　　　　(b) 变焦镜头　　　　　　(c) 增倍镜

图 6-17　定焦镜头、变焦镜头和增倍镜

（3）**工业相机**　工业相机是视觉系统的核心组件，负责捕捉目标（物）环境图像，它能够将光线转换为电子信号，再转换为数字图像。相机的选择直接影响到目标物图像采集的质量，如分辨率、色彩和动态范围等。为此，在选择相机时，需要综合考虑传感器芯片、像元尺寸、帧率、数据传输和通信接口等多个因素。

工业相机有多种分类方式，不同的分类方式可以满足不同的应用需求。按照传感器芯片类型，工业相机可分为 CCD（charge coupled device）相机和 CMOS（complementary metal oxide semiconductor）相机。CCD 相机在色彩还原和动态范围等方面表现较好，但

❶ 焦距（f）是相机镜头中透镜到图像传感器的距离，决定了拍摄范围和图像的放大倍数。

价格较高，比较适合高端图像应用领域，如科学和医学研究等。而 CMOS 相机则具有较高的集成度和较低的价格，但性能可能稍逊于 CCD 相机，适合于批量大、有空间和重量限制而图像质量要求不高的领域，如数字或文字识别、易区分的缺陷检测、简单物体几何分类、简单场景自动导航等。

同时，按照传感器结构特性，工业相机又可分为线阵相机和面阵相机，如图 6-18 所示。线阵相机工作时类似于扫描仪，一行或多行像素进行循环曝光（具体扫描顺序不同相机略有区别），在电脑上逐行生成一帧完整图像，一般需要配备运动装置（如云台或滑轨等），扫描速度比较快，适合应用在特殊场合，如大面积检测、高速检测、强反光检测以及印刷、纺织等行业。面阵相机则是像素点按矩阵排列，传感器曝光（行曝光或帧曝光）完成后直接输出一帧图像，适用于二维图像的获取，如产品外观、尺寸和缺陷等检测。此外，按照输出色彩，工业相机还可分为单色（黑白）相机和彩色相机。单色相机只能获取黑白图像，而彩色相机可以获取彩色图像。

(a) 线阵相机　　　　　　　　　　(b) 面阵相机

图 6-18　线阵相机和面阵相机

（4）视觉控制器　视觉控制器是整套视觉系统的中心枢纽，负责处理从相机捕获的图像，执行预处理、特征提取、图像分析等任务，并输出目标物的各种信息。具体来说，视觉控制器中的图像采集模块负责收集工业相机拍摄的图像数据，并将其传输到图像处理器中进行处理。图像处理器可以对图像进行预处理、特征提取、模式识别等操作，并输出相应的控制信号。这些控制信号可以用于控制执行机构，如机器人的运动轨迹、抓取位置等，从而实现自动化操作。由于需要与各种不同的设备进行通信和控制连接，视觉控制器相较于一般计算机，拥有更丰富的外设接口，如图像采集接口、运动控制接口、网络接口、I/O 接口等，如图 6-19 所示。

图 6-19　视觉控制器

（5）**机器视觉软件**　机器视觉软件是用于自动化检测、识别和定位等功能的工具集合，它能够模拟人类的视觉功能，实现对图像的采集、处理、分析和理解。机器视觉软件可以分为通用型和专用型两类。通用型软件适用于各种不同的应用场景，具有较为通用的图像处理和分析功能，如 Halcon、OpenCV 等。专用型软件则是针对特定的应用领域进行开发的，具有更强的针对性和适用性，如专门用于表面缺陷检测、条码识别、人脸识别等领域的软件，见表 6-4。视觉控制器通过运行机器视觉软件来执行图像处理、分析和特征提取等任务。

表 6-4　机器视觉专用型软件（以 FANUC 机器人为例）

功能类别	功能输出	功能软件	功能示例
导引	目标物 2D、3D 位姿或偏移量（补正数据）	iRVision Visual Tracking iRPickTool	
定位	目标物 2D、3D 位姿或偏移量（补正数据）	iRVision 2D Vision Application iRVision 3D Laser Vision Sensor Application iRVision Bin Picking Application	
测量	目标物长度、圆心坐标、半径等	iRVision Inspection Application	
检测	目标物表面质量判定，如通过、不通过等	iRVision Inspection Application	OK NG

续表

功能类别	功能输出	功能软件	功能示例
识别	ID 识别信息，如识别字符串、识别字符串的中心位置和 ID 的外接矩形等	iRVision 2D Camera Application	

综上，工业视觉系统软硬件的联动过程主要涉及图像捕获、图像处理和图像理解三大环节，如图 6-20 所示。在整个工作过程中，系统待光照条件、相机参数以及工作环境等因素稳定，通过 CCD 相机或 CMOS 相机等组件对目标对象进行光学成像和图像采集，接着对采集到的目标原始图像进行增强、滤波和分割等预处理，以提高图像质量并降低后续处理的难度。最后，采用特征提取和识别定位算法对预处理后的图像进行分析与解释，进而转换为符号，让机器能够辨识目标并确定其位置。这一步通常涉及深度学习、强化学习等高级算法的应用，用于实现高精度和高可靠性的目标检测、识别和定位等功能。

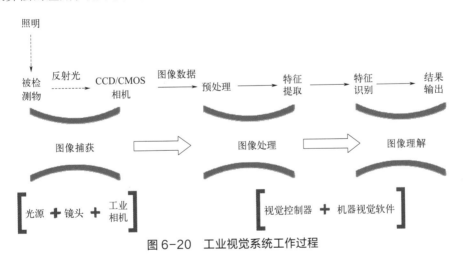

图 6-20　工业视觉系统工作过程

6.2.2　机器人视觉集成方式

研究显示，人类从外部世界获取的信息中有 70% 是通过视觉获得的，这表明视觉信息在人类感知和认知中扮演着至关重要的角色。机器人视觉是当前智能机器人领域研究的热点之一，它通过模拟人类的视觉感知功能，让机器人能够识别、定位和跟踪目标，从而实现更高效、准确和可靠的任务执行。

机器人视觉系统的集成方式多种多样，根据不同的应用场景和需求，可以选择不同的集成方式。根据相机安装方式，机器人视觉系统可以分为外置式系统、固定式系统和运动式系统，如图 6-21 所示。外置式系统是把工业相机安装在机器人手腕上，即眼在手上（eye-in-hand）。由于相机可随机器人运动，所以可以使用一台工业相机对不同目标区域进行拍照，或改变相机与工件之间的距离。该方式的不足在于拍照时机器人通常停止运动，光源易被机器人或外围设备干涉，以及相机连接电缆容易磨损而降低寿命。固定式系统是把工业相机安装在固定支架上，始终从相同距离观察目标对象，即眼在手外（eye-to-hand）。由于相机可在机器人作业时并行拍照，节省作业时间，不足之处在于拍照区域固定，且一旦相机与机器人的相对位姿改变，须重新进行手眼标定。运动式系统是把工业相机安装在可移动部件上，如云台或滑轨等。同为眼在手外，运动式系统集成方式适应大型工件检测或多机器人协调（同）作业场合。

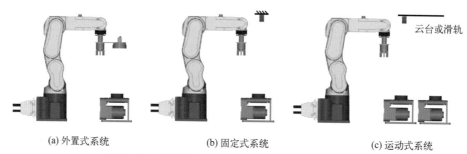

(a) 外置式系统　　　　　　　(b) 固定式系统　　　　　　　(c) 运动式系统

图 6-21　外置式、固定式和运动式机器人视觉系统

按照视觉控制器集成方式，机器人视觉系统可以分为一体式系统和分离式系统，如图 6-22 所示。一体式机器人视觉系统是指将视觉控制器与机器人控制器集成在一起，通过统一的软件平台实现机器人的控制和视觉系统的集成。这种方式的优点在于简洁、方便，可以减少线缆和连接器的数量，提高系统的可靠性和实时性。分离式机器人视觉系统是指将视觉控制器与机器人控制器分开设置，通过线缆或无线网络连接。这种方式的优点在于灵活性高，可以适应不同的机器人品牌和不同的应用场景。但是，分离式机器人视觉系统的线缆和连接器数量较多，可能会增加系统的复杂性和故障率。

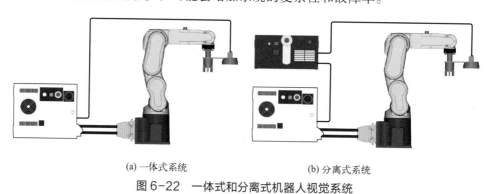

(a) 一体式系统　　　　　　　　　(b) 分离式系统

图 6-22　一体式和分离式机器人视觉系统

6.2.3　手眼标定原理与方法

手眼标定是工业机器人智能系统集成应用技术中的重要环节，主要解决的是工业视觉系统与工业机器人之间坐标系不一致问题，其重要性不言而喻。

（1）**标定缘由**　通过引入机器视觉技术，以工业机器人为代表的数字化装备将增"观"提"智"，如机器人检测、机器人定位等。不过，在实际应用中，工业视觉系统输入的是一个三维的实际物理环境，而输出的却是一幅二维图像。那么，一个场景是如何从三维变成二维的？又该如何将二维图像空间中的目标物位姿及其变化与工业机器人在三维空间中的运动相匹配？这就需要建立视觉系统（眼）与工业机器人（手）之间的坐标转换关系，统一"度量衡"，此过程即为"手眼标定"。

　　工业机器人手眼标定是将工业机器人坐标系与视觉系统坐标系关联起来，可以机座坐标系（$O_b X_b Y_b Z_b$）为基准，将工业机器人坐标系中的工件坐标系（$O_j X_j Y_j Z_j$，固定式系统）或工具坐标系（$O_t X_t Y_t Z_t$，外置式系统）和视觉系统坐标系中的像素坐标系（OUV），通过相机坐标系（$O_c X_c Y_c Z_c$）建立转换关系，如图 4-14 所示。概况来讲，工业机器人坐标系和视觉系统坐标系的统一过程包括机座坐标系（$O_b X_b Y_b Z_b$）与工件坐标系（$O_j X_j Y_j Z_j$，固定式系统）或工具坐标系（$O_t X_t Y_t Z_t$，外置式系统）之间的精确转换，以及工件坐标系（$O_j X_j Y_j Z_j$，固定式系统）或工具坐标系（$O_t X_t Y_t Z_t$，外置式系统）与像素坐标系（OUV）之间的精确转换两大步骤。前者可通过机器人工具、工件坐标系设置实现，此部分内容详见本书第 4 章；后者可通过相机标定予以实现。

　　为便于相机标定理解，不妨把工业相机看成一个函数，其输入是一个三维场景，输出为二维图像。从三维世界到二维世界的映射关系是不可逆的，也就是说无法仅通过一张二维图像重建真实的三维世界，如图 6-23 所示。相机标定通过捕获带有特定图案的标定物来计算工业相机的参数，用简单的数学模型来表达复杂的成像过程。求解这个数学模型，也就是求解相机的参数（内参和外参）。一旦建立相机的数学模型，就可以将目标在二维图像空间的位姿（变化）信息反馈给上位机或机器人控制器，导引机器人在三维物理空间运动，进而更好地适应不同的作业环境和任务需求。

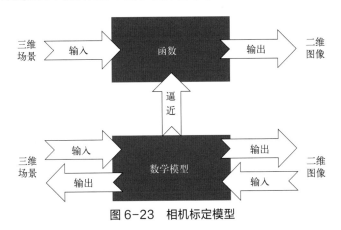

图 6-23　相机标定模型

　　（2）标定原理　相机标定是确定像素坐标系与某一物理世界坐标系（如机器人工具坐标系或工件坐标系）之间的转换关系，这种转换关系用相机的内参与外参表示。内参描述了相机本身的几何特性和光学特性，指相机的内部参数，包括焦距（f）、主点坐标（u_0, v_0）、像素尺寸（dx, dy）等，它定义了图像平面与相机坐标系之间的关系，内参往往在相机出厂时被确定，使用过程中保持不变。外参描述了相机在外部某一坐标系下的位置和姿态，其参数包括旋转矩阵和平移向量等，通常因不同的相机位置或拍摄时刻而变化。

　　从三维物理世界坐标中的某一点 P（x_w, y_w, z_w）出发，推导在相机的像素坐标系中的成像点 P（u, v），这涉及物理世界坐标系、相机坐标系、图像坐标系和像素坐标系四个坐标系之间的三步转换。

首先，考虑某一物理世界坐标系中的点 $P(x_w, y_w, z_w)$ 到相机坐标系 $P(x_c, y_c, z_c)$ 的对应关系，两者的转换关系可以通过矩阵 R、T 表征。其中，R 是相机坐标系相对于物理世界坐标系的旋转矩阵，T 是相机坐标系相对于物理世界坐标系的平移矩阵，即相机的中心（O_c）在物理世界坐标系的坐标。两者的转换关系可用矩阵表示为

$$\begin{bmatrix} x_c \\ y_c \\ z_c \\ 1 \end{bmatrix} = \begin{bmatrix} R_{3\times3} & T_{3\times1} \\ O & 1 \end{bmatrix} \begin{bmatrix} x_w \\ y_w \\ z_w \\ 1 \end{bmatrix} \tag{6-1}$$

然后，考虑相机坐标系到图像坐标系的转换，如图 6-24 所示。假设点 $P(x_c, y_c, z_c)$ 经过相机的光心 O_c（相机镜头的中心）后投影到成像平面上，成像平面是与 $X_cO_cY_c$ 平面平行且距离光心为焦距 f 的平面。在图像坐标系中，点 $P(x_c, y_c, z_c)$ 对应的成像点是 $P(x_i, y_i)$。根据小孔成像原理，利用相似三角形法可求得

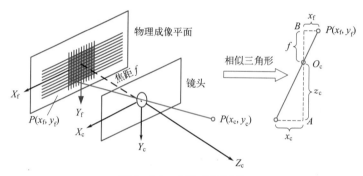

图 6-24　小孔成像原理

$$\frac{z_c}{f} = \frac{x_c}{x_f} = \frac{y_c}{y_f} \tag{6-2}$$

式（6-2）经简单变换可得

$$x_f = f\frac{x_c}{z_c} \tag{6-3}$$

$$y_f = f\frac{y_c}{z_c} \tag{6-4}$$

将式（6-3）和式（6-4）转换为矩阵形式，则

$$z_c\begin{bmatrix} x_f \\ y_f \\ 1 \end{bmatrix} = \begin{bmatrix} f & 0 & 0 & 0 \\ 0 & f & 0 & 0 \\ 0 & 0 & 1 & 0 \end{bmatrix} \begin{bmatrix} x_c \\ y_c \\ z_c \\ 1 \end{bmatrix} \tag{6-5}$$

式（6-5）描述了相机坐标系到图像坐标系的转换关系。

最后，考虑图像坐标系中点 $P(x_f, y_f)$ 到像素坐标系对应点 $P(u, v)$ 的转换关系，如图 6-25 所示。图像坐标系的原点 O_i 在相机感光芯片的中央，像素坐标系的原点 O 在相机感光芯片的左上角。图像坐标系的单位是 mm，像素坐标系的单位是 pixel。

两者的转换关系可表示为

$$u = \frac{x_f}{dx} + u_0 \qquad (6\text{-}6)$$

$$v = \frac{y_f}{dy} + v_0 \qquad (6\text{-}7)$$

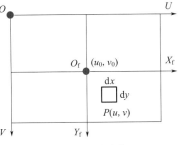

图 6-25　小孔成像原理

将式（6-6）和式（6-7）转换为矩阵形式，则

$$\begin{bmatrix} u \\ v \\ 1 \end{bmatrix} = \begin{bmatrix} \dfrac{1}{dx} & 0 & u_0 \\ 0 & \dfrac{1}{dy} & v_0 \\ 0 & 0 & 1 \end{bmatrix} \begin{bmatrix} x_f \\ y_f \\ z_f \\ 1 \end{bmatrix} \qquad (6\text{-}8)$$

式中，(u, v) 为点在像素坐标系中的坐标，即像素的列数、行数；dx、dy 为每个像素点在图像坐标系 X_f 轴、Y_f 轴上的尺寸，单位是 mm/pixel，是每个相机感光芯片的固有参数。实际情况下，芯片的中心并不在光轴上，安装的时候总会有些误差，所以引入两个新的参数 (u_0, v_0) 代表主点在像素坐标系中的偏移。

在不考虑物理世界坐标系旋转的条件下，点从相机坐标系到像素坐标系的转换公式可表达为

$$u = f_x \times \frac{x_c}{z_c} + u_0 \qquad (6\text{-}9)$$

$$v = f_y \times \frac{y_c}{z_c} + v_0 \qquad (6\text{-}10)$$

式（6-9）和式（6-10）中，$f_x = \dfrac{f}{dx}$、$f_y = \dfrac{f}{dy}$，代表焦距除以单个像素大小，单位是像素。在相机标定过程中，dx、dy 和 f 均不能直接测量得到，组合值 f_x、f_y 可以标定获得。Z_c 是物理世界坐标系下点在相机坐标系中的深度值。

综合式（6-1）、式（6-5）和式（6-8），从物理世界坐标系到像素坐标系的转换矩阵为

$$z_c \begin{bmatrix} u \\ v \\ 1 \end{bmatrix} = \begin{bmatrix} \dfrac{1}{dx} & 0 & u_0 \\ 0 & \dfrac{1}{dy} & v_0 \\ 0 & 0 & 1 \end{bmatrix} \begin{bmatrix} f & 0 & 0 & 0 \\ 0 & f & 0 & 0 \\ 0 & 0 & 1 & 0 \end{bmatrix} \begin{bmatrix} R_{3\times3} & T_{3\times1} \\ O & 1 \end{bmatrix} \begin{bmatrix} x_w \\ y_w \\ z_w \\ 1 \end{bmatrix} = \boldsymbol{M}_1 \boldsymbol{M}_2 \begin{bmatrix} x_w \\ y_w \\ z_w \\ 1 \end{bmatrix} \qquad (6\text{-}11)$$

式（6-11）中，M_1 为工业相机的内参，包括焦距、主点坐标等参数，和外部因素无关，因此称为内参，表示为

$$M_1 = \begin{bmatrix} f_x & 0 & u_0 \\ 0 & f_y & v_0 \\ 0 & 0 & 1 \end{bmatrix} \tag{6-12}$$

M_2 为工业相机的外参，表示物理世界坐标系到相机坐标系的转换关系，是工业相机在物理世界坐标系中的位姿矩阵。当把物理世界坐标系设置为相机坐标系时，即二者重合，此时外参就是一个单位矩阵。

$$M_2 = \begin{bmatrix} R_{3\times3} & T_{3\times1} \end{bmatrix} = \begin{bmatrix} r_{11} & r_{12} & r_{13} & t_1 \\ r_{21} & r_{22} & r_{23} & t_2 \\ r_{31} & r_{32} & r_{33} & t_3 \end{bmatrix} \tag{6-13}$$

综上，完整的工业机器人手眼标定流程可概括为机座坐标系→标定物坐标系→相机坐标系→图像坐标系→像素坐标系，如图 6-26 所示。

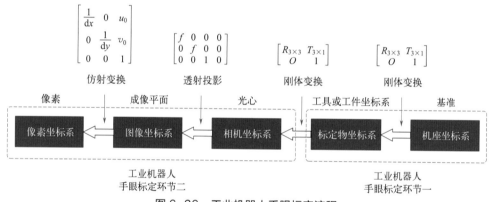

图 6-26　工业机器人手眼标定流程

值得提醒的是，镜头并非理想的透视成像，相机透镜的制造精度以及组装工艺的偏差均会导致畸变，即横向放大率随像高或视场大小变化而引起的一种失去物像相似的像差。根据畸变的类型和产生原因，镜头的畸变分为径向畸变和切向畸变两类：径向畸变是由于镜头自身凸透镜的固有特性造成的，例如光线在远离透镜中心的地方比靠近中心的地方更加弯曲；切向畸变是由于透镜本身与相机传感器平面（成像平面）或图像平面不平行而产生的，这种情况多是由于透镜被粘贴到镜头模组上的安装偏差导致。鉴于机器人视觉定位和导引所使用的工业相机质量较好，通常不会出现切向畸变，所以在其内参矩阵中仅引入径向畸变参数即可。

一旦成功获取工业相机的内外参矩阵，在机器人视觉导引系统实际应用中，由相机识别到目标在图像中的像素位置，通过标定的坐标变换矩阵将相机的像素坐标转换至机器人的空间坐标中，然后根据机器人运动学模型计算各关节轴如何运动，进而控制机器人自适应到达位置作业。

（3）标定方法　根据不同的需求和使用场景，技术人员已发明多种机器人手眼标定

方法。较为常用的机器人手眼标定方法有三种：标定物标定法、主动视觉标定法和自标定法，见表 6-5。

表 6-5　常用的机器人手眼标定方法

序号	标定方法	方法原理	优缺点	适用场景
1	标定物标定法	使用尺寸已知的标定物，通过建立标定物上坐标已知的点与其图像点之间的对应关系，利用特定的算法和数学模型（如针孔相机模型和畸变模型），计算相机的内外参数	精度较高，标定结果稳定，但需要大量的标定数据，并且需要精确地控制标定参照物的位姿	精度要求较高且相机参数基本不变
2	主动视觉标定法	通过控制相机进行一系列预设的运动（如平移、旋转等）来获取图像数据，结合已知的机械参数（如旋转角度、平移距离等），计算出相机的内外参数	标定过程相对简单，不需要大量的标定数据，但需要精确控制相机的运动，对机械参数的精度要求较高	相机运动信息已知
3	自标定法	通过分析多幅图像之间的对应点，利用数学模型和算法计算出相机的内外参数	不需要外部标定参照物或预设的运动模式，灵活性较高，但相对传统标定方法，精度可能有所降低，且对图像之间的对应关系要求较高	需要经常调整相机或者无法设置已知参照物

注：1. 上述三种手眼标定方法主要区别在于图像采集方式不同，标定物标定法的图像采集方式比较固定，而主动视觉标定法和自标定法的数据采集则比较灵活多变。

2. 在实际应用中，选择哪种相机标定方法取决于具体的需求和使用场景。有时，为获得更高的精度和稳定性，可能会结合多种标定方法进行综合标定。

由表 6-5 可知，基于标定物的手眼标定中相机参数事先被标定，且对稳定的标定参照物（如棋盘格标定板）进行大量的数据采集，这使得标定物标定法精度较高、标定结果稳定且适用于大部分场合，极具代表性。其中，张氏标定法（或称张正友标定法）是一种经典的基于标定物的机器人手眼标定方法，由张正友教授于 1998 年提出。该方法使用单平面棋盘格作为标定参照物，通过拍摄棋盘格在不同角度和位置下的多幅图像，来计算相机的内外参数。张氏标定法的基本步骤如下：

图 6-27　棋盘格标定板

① 制作标定板　首先需要制作一个棋盘格标定板，通常由单平面上的正方形格子组成，每个格子都有一个已知的尺寸，如图 6-27 所示。

② 拍摄图像　将标定板放置在不同的位置和角度下，使用相机从不同的视角拍摄多幅图像，如图 6-28 所示。这些图像将用于后续的标定过程。

图 6-28　棋盘格图像拍摄

③ 特征提取　在每幅图像中，使用图像处理和计算机视觉技术提取出棋盘格的角点，如图 6-29 所示。这些角点对应于物理世界坐标中的三维点。

图 6-29　棋盘格角点检测

④ 建立对应关系　通过比较不同图像中同一角点的位置，可以建立多个二维图像点和三维空间点之间的对应关系。

⑤ 求解参数　利用这些对应关系和已知的棋盘格尺寸，通过数学模型和算法（如最小二乘法）计算出相机的内外参数。

⑥ 验证与优化　为验证标定结果的准确性，可以使用一些已知尺寸的物体进行拍摄，并检查重建结果与实际尺寸的差异。根据需要，可以对标定参数进行优化和调整。

综上，张氏标定法相对于其他手眼标定方法具有一些优势，尤其是在采用较小数量的图像进行标定时，该法能使用简单的标定板（即一个打印出来的棋盘格），相较其他手眼标定法中的高精度标定物更易于制作和使用。此外，张氏标定法在计算相机参数时采用了简化的数学模型，使得计算过程相对较快且稳定。

然而，张氏标定法也存在一些局限性。例如，它假设棋盘格平面与相机光轴垂直，这在实际应用中可能并不总是成立。此外，张氏标定法对于光照条件的变化和图像噪声较为敏感，可能会导致标定结果的误差。为提高标定的精度和稳定性，可以考虑结合其他技术，如使用多幅图像进行联合标定、采用鲁棒性更强的算法处理图像噪声等。

6.2.4　常用视觉传感器指令

传感器赋予工业机器人利用"五官"感知自身状态和作业环境并予以响应的能力。传感器编程指令是集约在机器人控制软件中，指导机器人如何解释从传感器接收到的数据，并根据这些数据做出相应的动作，视传感器类型而不同。视觉传感器指令是指定机器人何时、如何"眼观"周围并响应其环境的指令，包含图像采集指令、图像（预）处理指令、目标检测指令和位姿控制指令等。这些指令可以根据实际需求进行组合和扩展，以实现各种复杂的工业机器人视觉任务。常见的机器人视觉传感器指令的功能、格式及示例见表 6-6。机器人视觉传感器指令的编辑方法请扫描目录页二维码查阅。

表 6-6　常见的机器人视觉传感器指令及功能

序号	视觉传感器指令	指令功能	指令示例（FANUC）

1	图像采集指令	指定机器人何时通过"眼睛"获取目标环境（物）的原始图像	格式：
			VISON RUN_FIND [视觉处理文件]
			// 视觉检出指令
			VISON RUN_FIND [视觉处理文件] CAMERA_VIEW [相机视图编号]
			// 视觉检出指令（多视图时指定视图编号）
			示例：
			L　P1　500mm/sec　FINE
			// 机器人携带相机移至拍照点
			VISON RUN_FIND V1
			// 启动视觉处理文件 V1，拍照检出

2	图像（预）处理指令	指定机器人按照系列处理流程如何从图像中提取特定的特征，包括滤波、去噪、缩放等预处理指令，以及边缘、纹理、颜色等特征提取指令	格式：
			VISON CAMERA_CALIB [相机校准文件] [请求编码]
			// 相机校准指令
			VISON OVERRIDE [视觉参数] [视觉参数值]
			// 设定视觉参数指令
			VISON RUN_FIND [视觉处理文件]
			// 视觉检出指令
			示例：
			L　P1　500mm/sec　FINE
			// 机器人携带相机移至拍照点
			VISON RUN_FIND V1
			// 启动视觉处理文件 V1，拍照检出

序号	视觉传感器指令	指令功能	指令示例（FANUC）

3	目标检测指令	指定机器人通过特定的算法，如特征匹配、机器学习、深度学习等，对目标物进行分类、标识或定位	格式：
			VISON SET_REFERENCE [视觉处理文件]
			// 设定基准位姿指令
			VISON GET_OFFSET [视觉处理文件] VR[视觉寄存器编号] JMP LBL [标签号]
			// 获取补正数据指令
			VISON GET_READING [视觉处理文件] SR[字符串寄存器编号] R[数值寄存器编号] JMP LBL [标签号]
			// 获取条形码读取结果指令
			VISON GET_PASSFAIL [视觉处理文件] R[数值寄存器编号]
			// 获取良否检查结果指令
			VISON GET_NFOUND [视觉处理文件] R[数值寄存器编号]
			// 获取视觉检出数量指令
			R[数值寄存器编号]=VR[视觉寄存器编号].MODELID
			// 模板 ID 代入指令
			R[数值寄存器编号]=VR[视觉寄存器编号].MES[测量值编号]
			// 视觉测量值代入指令
			R[数值寄存器编号]=VR[视觉寄存器编号].ENC
			// 二维码解码值代入指令
			PR[位置寄存器编号]=VR[视觉寄存器编号].FOUND_POS[检出位置编号]
			// 视觉检出位姿数据代入指令
			PR[位置寄存器编号]=VR[视觉寄存器编号].OFFSET
			// 视觉补正数据代入指令
			示例：
			VISON GET_OFFSET V1 VR[1] JMP, LBL[99]
			…
			LBL[99]
			UALM[1]
			// 从视觉处理文件 V1 中读取检出结果，将其存储到视觉寄存器 VR[1] 中，若没有检出结果则程序跳转到 LBL[99] 标签处

4	位姿控制指令	指定机器人根据目标检测数据，自动或自主规划最优的运动路径，并调整自身的姿态	格式：
			[动作类型] [位置坐标] [运动速度] [定位方式] VOFFSET, VR[视觉寄存器编号]
			// 视觉补正指令
			示例：
			J　P1　30%　CNT15　VOFFSET, 　VR[1]
			// 机器人运动至抓取参考点
			L　P1　50cm/min　FINE VOFFSET, VR[1]
			// 机器人运动至抓取点
			CALL HAND_CLOSE
			// 机器人抓取工件

　　注：在调用视觉传感器编程指令时，现场工程师可以使用特定的编程语言和开发环境，如 C++、Python 等，以及相关的机器人视觉库和框架，如 OpenCV、ROS 等。

 **典型案例**

机器人自适应上料编程

带式输送机是一种常见的物料输送设备，广泛应用于各行各业的生产线中。它利用输送带作为承载介质，通过传动装置的驱动，实现物料的连续或间歇输送。这种方式具有输送速度快、输送距离长、可承载大量物料等优点，但精度略低。针对此类物料输送场景，视觉导引技术的引入，极大地提升机器人对复杂环境和多变物料的适应能力。即使面对不同类型的物料、不规则的堆放状态或者光照条件的变化，机器人也能够通过视觉系统的实时反馈，做出快速的调整和决策，确保上料过程的准确性和稳定性。

本案例要求采用示教编程或离线编程方法（视教学条件而定），模拟生产线上带式输送机与机器人配合输送、转移工件的场景，待圆料运转至指定位置后，经由传感器信号触发带式输送机停运以及工业相机捕捉圆料的当前位置，机器人通过视觉系统的精确定位，携带（两指）夹持器完成自适应冲压上料作业，如图 6-30 所示。

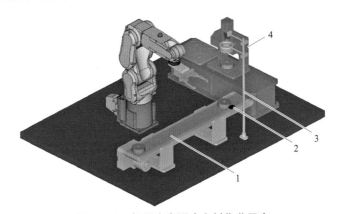

图 6-30　机器人自适应上料作业示意

1—带式输送机；2—红外光电传感器；3—成像系统；4—（模拟）冲压机

策略分析：采用离线编程方法完成固定式（眼在手外，eye-to-hand）视觉导引机器人冲压上料作业任务编程包括系统搭建、手眼标定、特征提取和程序编制四个关节环节，其任务流程如图 6-31 所示。这四个环节是相互关联的，并且需要反复迭代和优化，以确保最终的机器人任务程序能够在实际生产环境中稳定运行，并满足精度、效率和质量的要求。通过离线编程的方式，可以提前在开发环境中完成这些工作，从而缩短现场调试和准备时间，提高生产率。

① 系统搭建　这一阶段主要是建立机器人视觉集成系统的硬件和软件环境。现场工程师需要基于计算机图形学建立机器人自适应上料系统设备的三维模型，如（模拟）冲压机、带式输送机等，并在虚拟数字空间中复现实体装备的物理空间布局，如图 6-32 所示。此外，还需要安装和配置机器人视觉处理软件。

② 手眼标定　手眼标定是视觉导引机器人自适应上料的关键步骤在，其目的是确定机器人末端执行器（夹持器）与相机视图之间的准确关系。通过手眼标定，现场工程师可以精确地将相机捕获的图像信息转换为机器人可执行的精确坐标位置。这一过程通常涉及

使用标定板或已知尺寸和位置的参照物进行多次拍照，并利用这些数据计算出机器人末端执行器与相机之间的位置和姿态关系，如图 6-33 所示。

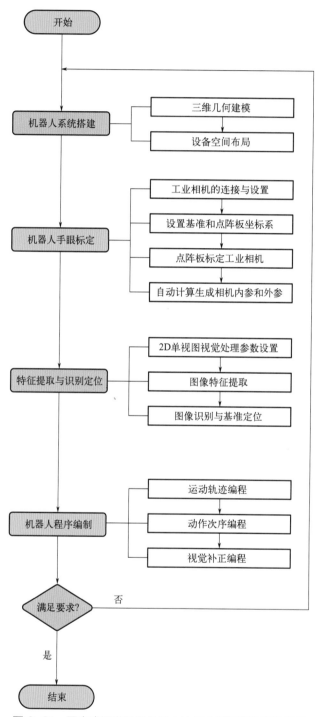

图 6-31　固定式视觉导引机器人冲压上料任务编程的流程

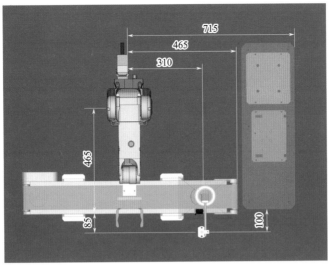

图 6-32 机器人自适应上料系统空间布局示意

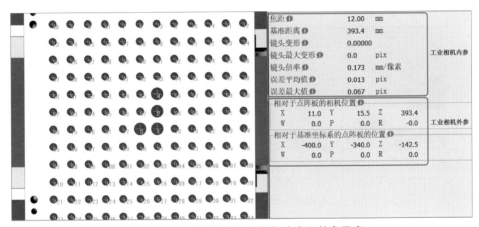

图 6-33 点阵板标定工业相机内参和外参示意

③ 特征提取 在特征提取阶段，现场工程师可以利用计算机图像处理技术，如边缘检测、区域分割、形态学处理等，从捕获的图像中提取出有关抓取物料的特征，包括物料的轮廓、纹理和颜色等，如图 6-34（a）所示。此外，现场工程师还可以使用机器学习算法来提高特征提取的准确性和鲁棒性。待完成物料特征提取后，现场工程师需要通过机器人视觉系统再次捕获相机视野范围内的物料，并基于图像特征进行识别检出和基准定位，如图 6-34（b）所示。

④ 程序编制 在获取了物料的基准位置、特征信息和手眼关系后，现场工程师可以开始进行机器人冲压上料作业的程序编制。与第 3 章中机器人上下料任务编程相比，机器人上料作业的运动轨迹编程较为简单，无需考虑下料过程。机器人上料作业的运动规划如图 6-35 所示。各指令位姿用途见表 6-7，其姿态示意如图 6-36 所示。在这六个目标指令位姿中，机器人的原点（指令位置①）、过渡点（指令位置④）应设置在远离作业对象的可动区域的安全位置。抓取参考点（指令位置②）和上料参考点（指令位置⑤）则被设置在临近作业区间的安全位置，这两个点是机器人上料作业过程中的关键位置。抓取参考点用

于物料抓取，而上料参考点则用于物料放置，这两个点的设定应便于调整夹持器的姿态，以确保作业安全。

(a) 特征提取

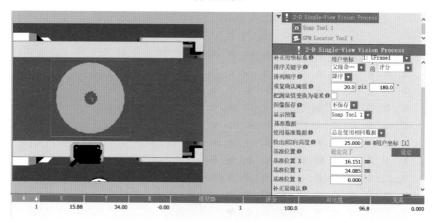

(b) 基准定位

图 6-34 圆料特征提取和基准定位示意

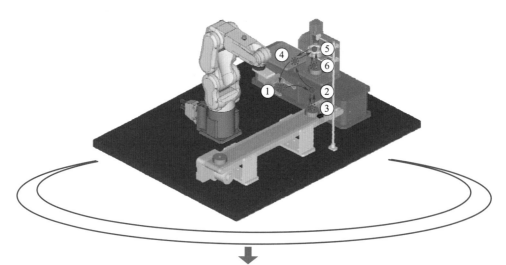

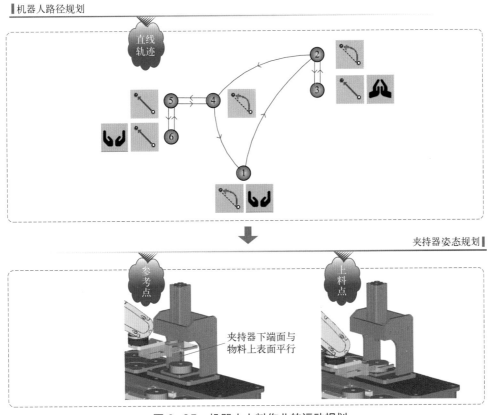

图 6-35　机器人上料作业的运动规划

表 6-7　机器人上料作业的指令位姿

指令位姿	备注	指令位姿	备注	指令位姿	备注
①	原点（HOME）	③	抓取点	⑤	上料参考点
②	抓取参考点	④	过渡点	⑥	上料点

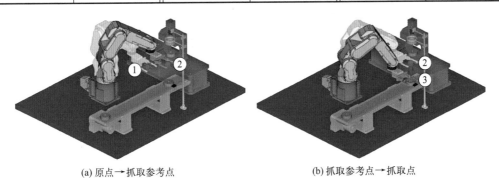

(a) 原点→抓取参考点　　　　　　　(b) 抓取参考点→抓取点

图 6-36　机器人上料指令位姿示意

立足基准位置完成机器人上料作业的运动轨迹编程后，为确保顺利地抓取物料和获得安全的上料效果，还需要进行基于信号互锁的动作次序编程。经单步程序验证和连续测试运转无误后，方能调用视觉传感器指令补正机器人上料抓取偏差，如图6-37（a）所示。在此过程中，应该密切关注视觉寄存器的参数变化，如检出位置、偏移量（补正数据）等，并进行必要的图像特征编辑及参数调试。通过不断地调试和优化，最终实现对物料的安全、快速抓取，确保机器人上料过程的准确性和稳定性，如图6-37（b）所示。

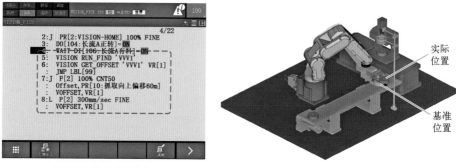

(a) 调用视觉传感器指令　　　　　　　(b) 机器人自适应抓取示意

图6-37　视觉导引的机器人自适应上料作业效果

场景延伸

在线混型生产是一种先进的生产模式，其核心特点是在同一生产线上根据市场需求和产品订单，混合生产不同型号、规格或颜色的产品。这种生产模式旨在快速响应市场变化、满足客户个性化需求，并通过优化生产线和提高生产效率来降低成本。以图6-38所示圆料和方料冲压上料为例，模拟生产线上带式输送机与机器人配合输送、转移工件的场景，待物料运转至指定位置后，经由传感器信号触发带式输送机停运以及工业相机捕捉物料的形状和位置，机器人通过视觉系统的精确识别与定位，携带（两指）夹持器完成圆料和方料的自适应上料作业。如何调整上文案例中物料特征提取和机器人任务程序的架构，以实现混料的自适应上料作业？

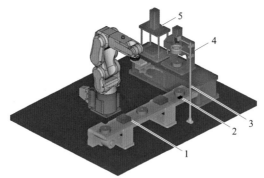

图6-38　机器人自适应混料上料作业示意

1—带式输送机；2—红外光电传感器；3—成像系统；

4—（模拟）圆料冲压机；5—（模拟）方料冲压机

 **本章小结**

机器人系统附加轴的集成与联动是实现复杂曲面零件、异形件以及（超）大型结构件自动化作业的关键技术之一。

机器人视觉系统主要由光源、镜头、工业相机、视觉控制器和机器视觉软件等软硬组件构成，用于获取目标物的几何参数、位置姿态、表面形态及对象质量等信息。

在机器人视觉导引系统中，通过手眼标定、目标识别、坐标变换、运动学计算和机器人控制等流程的精确执行，机器人能够自适应地到达目标位置并完成作业任务。

拓展阅读

多机器人协调（同）作业

在科技强国、制造强国和数字中国的持续建设中，大飞机、高速列车、超级跨海大桥、全自动化码头等国家重大工程和大国重器不断涌现，以机器人技术为代表的数字化、智能化、绿色化制造蓬勃兴起。多机器人协调（同）焊接是制造业先进基础工艺的重要组成部分，对传统产业高端化、智能化、绿色化转型发展起到重要支撑作用，如图 6-39 所示。

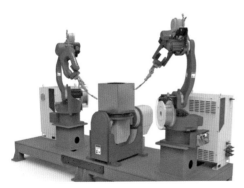

(a) 双机器人协同焊接　　　　　　　　(b) 多机器人协调焊接

图 6-39　大型钢结构多机器人协调（同）焊接

目前，多机器人协调（同）焊接的运动控制主要分为两种类型，集中控制和分散控制。集中控制的硬件成本较低，便于信息的采集和分析，易于实现系统的最优控制，整体性与协调性较好，但其缺点也显而易见，如控制缺乏灵活性，系统对多任务的响应能力会与系统的实时性相冲突等。相比而言，分散控制的实时性好，易于实现高速、高精度控制，方便扩展，是目前流行的方式。以双面双机器人焊接工艺为例，其协同焊接的动作次序控制要求如图 6-40 所示。打底焊通常采取异步方式，1# 机器人到位后发送信号给 2# 机器人，并等待 2# 机器人的到位信号，一旦得知 2# 机器人到位，1# 机器人开始引弧焊接。

$2^{\#}$机器人在收到$1^{\#}$机器人到位信号，且自身也到位的情况下，根据电弧间距d和焊接速度v进行一定的延时t后自动引弧。填充焊时，双机器人是同步运行，但需要保持一定的层间温度，即双机器人都需要延时，且延时时间相等，延时长短根据工艺决定。当所有焊道焊接完毕，机器人回到 HOME 点，焊接任务完成。

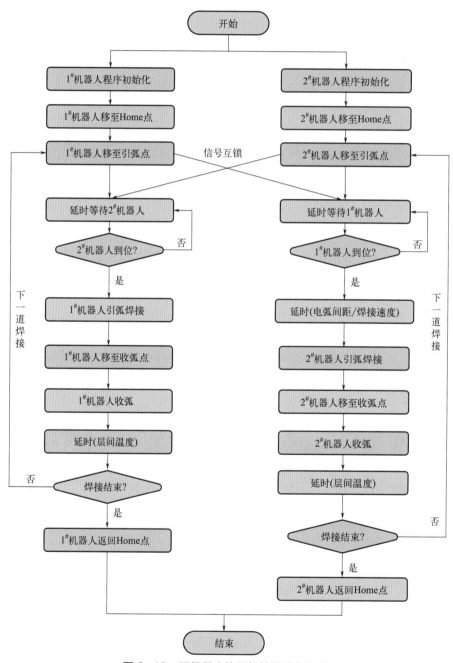

图 6-40　双机器人协同焊接的动作次序

 **知识测评**

一、填空题

1. 从编程和控制的角度来看，工业机器人附加轴的运动可以通过_____和_____两种方式实现。

2. 工业机器人系统的附加轴控制方式与点动机器人的本体轴类似，也分为_____和_____。

3. 在生产中常利用焊接变位机等辅助工艺设备将待焊工件转动至45°斜角，即处于平焊位置进行的角焊，称为_____。

4. 根据相机安装方式，机器人视觉系统可以分为_____、_____和_____。

5. 机器人手眼标定的目标是确定工业相机的_____和_____。

二、选择题

1. 带有附加轴的机器人系统集成方案具有的优势包括（　　）。
①扩展工作空间；②提高工作灵活性；③增强环境适应性；④提高工作效率；⑤提高作业精度
A. ①②③④　　　　　　　　　　B. ①②④⑤
C. ①②③④⑤　　　　　　　　　D. ①②③⑤

2. 一套典型的工业视觉系统通常包括（　　）等组件。
①光源；②镜头；③工业相机；④视觉控制器；⑤机器视觉软件
A. ①③④⑤　　B. ①②③⑤　　C. ②③④⑤　　D. ①②③④⑤

3. 从光源形状看，LED 光源可分为（　　）等，这些不同的 LED 光源类型可以应用于各种不同的场合。
①环形光源；②背光源；③条形光源；④点光源
A. ①③④　　　B. ①②③④　　　C. ②③④　　　D. ①②④

4. 工业机器人视觉集成系统按功能应用可分为（　　）。
①导引系统；②定位系统；③测量系统；④检测系统；⑤识别系统
A. ①③④⑤　　　　　　　　　　B. ①②③⑤
C. ②③④⑤　　　　　　　　　　D. ①②③④⑤

5. 工业相机的内参包括（　　）等，这些参数描述了相机本身的几何特性和光学特性。
①焦距；②主点坐标；③畸变系数；④像素尺寸
A. ①③④　　　B. ①②③④　　　C. ②③④　　　D. ①②④

6. 常用的视觉传感器指令包含（　　）。
①图像采集指令；②图像（预）处理指令；③目标检测指令；④位姿控制指令
A. ①③④　　　B. ①②③　　　　C. ②③④　　　D. ①②③④

三、判断题

1. 外部轴集成方式能够实现机器人本体轴与附加轴的高效联动，完成空间曲线轨迹的高精度、高质量和稳定作业。（　　　）

2. 在控制过程中，为实现对附加轴的精确操控，需要适时切换系统运动轴的组号码。（　　　）

3. 为实现高质量的焊接效果，需要精确控制引弧点的位置和焊枪姿态，确保焊接过程的稳定性和一致性。（　　　）

4. 作为视觉系统的眼睛，工业相机在光束调制和聚焦图像方面起着至关重要的作用，将目标场景的图像准确地投射到光学传感器上。（　　　）

5. 外置式系统是工业相机安装在固定支架上，始终从相同距离观察目标对象，即眼在手外。（　　　）

6. 张氏标定法属于主动视觉手眼标定法范畴。（　　　）

参考文献

［1］兰虎，王冬云．工业机器人基础［M］．北京：机械工业出版社，2020．

［2］兰虎，邵金均，温建明．工业机器人编程［M］．2 版．北京：机械工业出版社，2022．

［3］兰虎，鄂世举．工业机器人技术及应用［M］．2 版．北京：机械工业出版社，2020．

［4］兰虎，张璞乐，孔祥霞．焊接机器人编程及应用［M］．2 版．北京：机械工业出版社，2022．

［5］崔海，兰虎，樊俊．机器人焊接［M］．北京：机械工业出版社，2024．